中国科学院科普专项资助

"中科院物理所"
原创科普文章集锦
【第1辑】

物理学"中二"指南

中科院物理所 编著

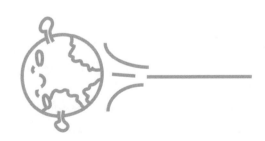

中国华侨出版社

·北京·

图书在版编目（CIP）数据

物理学"中二"指南 / 中科院物理所编著. — 北京：中国华侨出版社，2020. 9
ISBN 978-7-5113-7992-4

Ⅰ. ①爱… Ⅱ. ①中… Ⅲ. ①物理学—普及读物 Ⅳ. ①O4-49

中国版本图书馆CIP数据核字（2019）第 189268 号

●物理学"中二"指南

编　　著 / 中科院物理所
责任编辑 / 高文喆　桑梦娟
封面设计 / 胡椒书衣
经　　销 / 新华书店
开　　本 / 710 毫米 × 1000 毫米　　1/16　　印张/18.25　　　　字数/286 千字
印　　刷 / 北京隆昌伟业印刷有限公司
版　　次 / 2020 年 9 月第 1 版　　2020年 10 月第 2 次印刷
书　　号 / ISBN 978-7-5113-7992-4
定　　价 / 68.00 元

中国华侨出版社　　北京市朝阳区西坝河东里77号楼底商5号　　邮编：100028
法律顾问：陈鹰律师事务所
发 行 部：（010）64443051　　传　真：（010）64439708
网　　址：www.oveaschin.com　　E-mail：oveaschin@sina.com

如发现印装质量问题，影响阅读，请与印刷厂联系调换。

（本书使用的个别图片因故未能取得作者授权，请作者看到本书后及时与我社联系，不胜感激。）

编委会

《物理学"中二"指南》

顾问：魏红祥

策划：成　蒙

编委：王　恩　　田春璐　　袁嘉浩

　　　李　裕　　王井上

物理学是一种什么都想理解的渴望，或曰野心。在理解的基础上，人类还凭借物理学创造出了诸多令自己惊讶的奇迹——可见的有反物质、激光、超铀元素，抽象的有相对论、量子力学、规范场论，等等。如果说有一门学问能联系上所有其他领域的知识，那唯一的可能就是物理学；如果说有一门学问是所有技术的知识基础，那唯一的可能就是物理学。人类社会从来没有像今天这样富足繁荣而又充满希望，人们也从来没有像今天这样全员爆发出旺盛的求知欲。在技术超越神话的 21 世纪，物理学是每一个人的知识标配。

如果物理学的海洋已经打湿了你的鞋，你当试着去阅读物理学大家撰写的物理学鸿篇巨制，去体会那海的广袤与深邃。倘若你怀着浓重的好奇心刚刚莅临物理学的王国，那你不妨四处走走，去耐心体会物理王国里可见的与不可见的、可言说的与不可言说的美妙。

有一拨儿有心人，是物理王国里的兼职导游。

2016 年 4 月，中国科学院物理研究所几位平均年龄在 25 岁左右的青年科研工作者，在"中科院物理所"这个微信公号平台上用一种独特的方式开启了新媒体科普之旅。他们开设了"线上科学日"原创专栏，关注时下的热点话题，从年轻人的角度并以年轻人喜闻乐见的方式向其解释科学尤其是他们热爱的物理学。几年来，这些专栏文章赢得了社会大众的广泛赞誉。 2019 年 3

月，物理所又在 Bilibili 开设了官方账号"二次元的中科院物理所"，算是开辟一个新的科普天地。从这片新天地里传达出去的科普内容，好玩是策略，通俗是手段（这给他们贴上了"中二"的标签），那赢得公众赞许的始终是硬核的科学内容。呈现硬核科学，这是他们的许诺，也是他们的坚持。

《物理学"中二"指南》一书精选了物理所公众号上发表的 36 篇专栏科普趣文，分为生活物理大爆炸、发现物理之美、物理与人、物理的奥秘以及物理漫游记五个部分，本着由浅入深、循序渐进的原则，一步一步带领读者走进物理王国。书中作者们希望人们认识物理、爱上物理的拳拳之心跃然纸上。倘若读者朋友能从这本书里多少获得一些有用的知识和有益的启迪，那就是对这些作者们以及作者们徜徉其间的那个不大但趣味盎然的研究所之最大的褒奖。

是为序。

曹则贤

2019 年 6 月于北京

（序言作者系中国科学院物理所研究员）

目 录

第一章

生活物理大爆炸

1.1
这是一锅纯正无添加的物理鸡汤，请查收

作者：王　恩

不想用笔战斗的作家不是一个好士兵。

——鲁迅（鲁迅表示这句话我没说过）

从小到大经历了无数的语文考试，在我们的笔下，创造出了数不清的像上面一样的"名人名言"。

作为一个致力于物理学前沿和科学传播的物理小咖，今天我们就来盘点盘点，历史上的物理大咖们到底说过哪些让人印象深刻的话。

☀ A=X+Y+Z

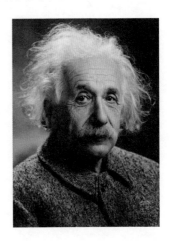

我们都知道爱因斯坦，一位才华横溢的科学家，我们不仅津津乐道于他提出的简洁的质能方程，还有他关于相对论的洞见。我在小的时候，听说过爱因斯坦提出了一个成功的加法公式。

A=X+Y+Z

其中 A 就是成功，X 就是努力工作，Y 是懂得休息，Z 是少说废话。

本来小的时候是深信不疑的，可在长大学了广义相对论，被折腾地死去活来以后，变得越发怀疑。这么简单的式子，当年爱因斯坦真的说过这句话么？是不是哪个人为了写自己的成功学书籍瞎编乱造的啊？

经过一番艰难的搜寻，我终于还是被事实啪啪啪地打脸了。

这句话是 1929 年还在柏林的爱因斯坦接受塞缪尔·伍尔夫（Samuel J. Woolf）的采访时所说，最终发布在 1929 年 8 月 29 日《纽约时报》上。

"If A is success in life," he replied, "I should say the formula is A=X+Y+Z, X being work and Y being play."

"And what," I asked, "is Z?"

"That," he answered, "is keeping your mouth shut."

"如果 A 就是成功，"他回答，"我应该说它的公式是 A=X+Y+Z，X 就是努力工作，Y 是懂得休息。"

"那么，"我问，"Z 是什么？"

"那个，"他回答说，"就是少说废话。"

尽管这句话里面真的是浓浓的鸡汤味，但是毕竟是陈年的上好鸡汤，好汤，好喝。只有专心工作，劳逸结合，少说废话，才能做出优秀的科研成果。老爱的话，没毛病！

☀ 科学 = 物理 + 集邮？

上古的物理大神们的名言，其实也不仅仅只是上好鸡汤，还有一些包含了他们对物理这个学科深刻的理解。

All science is either physics or stamp collecting.
所有的科学，不是物理就是集邮。

这句话出自卢瑟福。对，就是那个因为做了金箔实验，提出原子空间大都是空的，电子像行星围绕原子核旋转的卢瑟福模型的卢瑟福。不过现实总是充满了讽刺的意味。抛去这狭隘的学科观念不谈，现在看起来最让人觉得有趣的在于，卢瑟福拿的诺贝尔奖不是诺贝尔物理学奖，而是因"对元素蜕变以及放射化学的研究"获得诺贝尔化学奖。对于这一点，他一直不是太开心，因为他自认为是一个物理学家，而不是一个化学家。

这位语不惊人死不休的大咖说的让人"印象深刻"的话不止这一句。

"The energy produced by the breaking down of the atom is a very poor kind of thing. Anyone who expects a source of power from the transformation of these atoms is talking moonshine."
核反应产生的能量是很微弱的，你们要是想用这个方式来获取能量那简直是做梦。

不过现实是什么样，大家也都清楚。

☀ 创造未来

当然，除了以上两个不太主流的名言流传了下来，还有一些充满了战天斗地的气息，看了就让人觉得血脉偾张的名言，比如：

We cannot predict the future, but we can invent it.
预测未来的最好办法是创造未来。

这句话来自丹尼斯·加博尔（Dennis Gabor）写的《创造未来》（*Inventing the Future*）这本书上。这位作者尽管名气不如前面两位如雷贯耳，但也是一位物理大咖——因为对全息摄影的贡献，获得1971年诺贝尔物理学奖。

目前AR、VR技术开始逐渐普及，虚拟现实放在现在已经不是一个玩笑话。但是放在10年前、20年前，提出这个想法的人可能会更大概率地被当成一个疯子。在1947年时刚发明点接触型的锗晶体管时，肖克利、巴丁和布拉顿大概怎么也不会想到70年后，电子器件居然可以发展到今天这么便携，功能这么强大。科幻家们用想象力描绘未来光辉靓丽的景色，而对物理学家而言，更多的时候是解决问题、创造未来。

1947年肖克利、巴丁和布拉顿发明的点接触型的锗晶体管看上去非常简陋，体积也非常大。现如今，你的手机里就有几十亿个晶体管在协同工作（上图为庆祝点接触型晶体管发明50周年制作的复制品）

☀ 科学发展的血泪史

科学的发展从来不是一帆风顺，物理理论革新的过程更是科学家们的血泪史。著名经济学家保罗·安东尼·萨缪尔森（Paul Anthony Samuelson）曾经引用普朗克的一段话：

> Science make progress funeral by funeral.
>
> 科学的进步总是伴随着一场又一场的葬礼。

学生时代的普朗克

这句话是不是真实地出自普朗克本人，目前已经不得而知，在所能查找到的资料中，可以确信的是普朗克确实表达过类似的想法。

This experience gave me also an opportunity to learn a fact—a remarkable one, in my opinion: A new scientific truth does not triumph by convincing its opponents and making them see the light, but rather because its opponents eventually die, and a new generation grows up that is familiar with it.

这次经历也让我有机会了解一个事实——一个显而易见的事实，在我看来：一个新的科学真理不会通过说服对手看到光明从而取得胜利，而是随着反对者的消亡，新的熟悉它的一代长大了才能成功。

对于提出量子论，不断在经典理论和量子理论中摇摆不定的普朗克而言，这句话大概是他的心声了。

☀ 俏皮的相对论

在长长的历史中，除了上面所述的几种，还有一些关于前沿物理理论的俏皮解释随着时间的推移也被人们记住了。爱因斯坦当年对不断上门讨教相对论的人有点不厌其烦，交代他的秘书这

么说:

> When you sit with a nice girl for two hours you think it's only a minute, but when you sit on a hot stove for a minute you think it's two hours. That's relativity.
>
> 当你坐在好姑娘边上时,你会觉得度年如日;当你坐在滚烫的火炉上时,大概感觉度日如年。这就是相对论。

☀ 像质子一样思考

以后,大家不免还要继续写文章,除了逻辑清晰的论述与推理,引用名人故事和名人名言来充实内容也是一个不错的技巧。以上介绍的句子请大家放心使用,绝对没有添加不安全的材料。

为了点题,请允许我用不是名言的句子作结:

> Think like a proton, always be positive.
> 像质子一样思考,永远积极向上。
> positive 同时有正电荷和积极向上之意。

这句话就送给大家啦,喝完这锅纯正无添加的物理鸡汤,就让我们元气满满地进入物理的世界吧!

为了吃顿瓜，我们差点打起来了

作者：王　恩

炎炎夏日，一个夜黑风高的晚上，小伙伴们趁着水果打折，举办吃瓜大会……

正赶炎夏，这不高考陆续出分，要选专业了嘛，我们也借着热点，探讨了一下不同专业的群众，会怎么吃瓜。

先是学物理的——量子分瓜法。根据量子态不可分割原理和量子态不可克隆原理，这个世界上的西瓜都是独一无二、不可分割、不可复制的，所以这个瓜就是我的了，你们要吃自己再买一个去。

学数学的——巴那赫－塔斯基分瓜法。由巴那赫－塔斯基定理，在选择定理成立的情况下，我们可以将一个三维实心球分成有限部分，然后仅仅通过旋转和平移到其他地方重新组合，就可以组成两个半径和原来相同的完整的球。所以就算我们只买了一个瓜，仍旧可以变出 N 个瓜，让每个人都享受用勺子挖着吃的快乐。

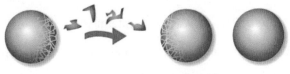

巴那赫－塔斯基分瓜法示意图

学计算机的——并行分瓜法。一切到底，公平公正。

并行分瓜法示意图

☀ 西瓜变迁史

瓜是分好了，不过，在吃瓜之前，我们还是要先做点功课。人类种植西瓜的历史，大概已经延续了4000多年。西瓜也被称为寒瓜，原产于非洲。在大约1000年前传入中国，不过老祖宗们估计想不到，现在中国的西瓜消费量已经占据了全球西瓜消费量的半壁江山。

每每进入六月，就又是一年吃瓜季。估计大家看过不少关于西瓜的绘画作品，以前西瓜的样子是真的惨不忍睹，让人看着一点儿食欲都没有：瓜瓤又白，看上去一点儿也不甜，真的很让人纳闷古人到底是怀着怎样的心情和毅力，延续着种瓜和吃瓜事业……

过了很久以后我们才知道，这个问题的答案早在一开始就告诉我们了。咱们都知道，在英语中，西瓜被称为watermelon，也就是"水瓜"。类似的还有德语中的Wassermelone，法语中的melon d'eau，西班牙语中的melón de agua等。它们的重点都在"水"上。西瓜如果按照重量计算的话，里面大概有 92% 都是水，是水分比例最高的水果。虽然现在我们吃瓜群众把西瓜当零食来吃，但是在几千年前的非洲，那些干旱少雨的沙漠里，一个个西瓜那就是水球，是赖以维生的水源和食物。而西瓜也正好便于储藏，那会儿只要将其存放在避光阴凉的地方，甚至可以储藏到来年的春天。

以前的瓜，又白，又不甜

在埃及法老的陵墓上，经常放有西瓜果实，不知是否是为了方便法老路上吃。

☀ 西瓜原子模型

曾经，人们认为一个一个的原子，就像一个个西瓜，电子像西瓜籽一般镶嵌在正电荷中，而一个个的原子，又组成了丰富的物质和五彩缤纷的世界。

关于原子，人们其实有很多的遐想。而大家最熟悉的原子形象，应该是铁臂阿童木。日本漫画家手冢治虫笔下的阿童木最早其实是作为和平使用原子能的大使出现，推动大众接受核电站。而"阿童木"这个名字，不是别的，就是atom（原子）的音译。《铁臂阿童木》又被译为《原子小金刚》，露出了他本来的面目。设定上，阿童木诞生于 2003 年 4 月 7 日，身高约 135 厘米，体重约 30 千克，不过这样的"原子"要在现实中真正诞生，似乎还遥遥无期……

接下来让我们回到科学史上的原子。最开始，道尔顿认为原子是组成物质的最小单元。虽然这个想法非常的粗糙，但他的假设依旧十分严谨——原子无法借由化学方法进行进一步的分割。他相信在化学反应中，其实就是这样的结构单元重新排列组合，形成新的物质。在汤姆孙发现电子的存在以后，大家觉得，原子似乎应该也是继续可分的。因此他提出了新想法——既然有电子，那么一定要有正电荷。电子是镶嵌在正电荷背景中的。

汤姆孙认为电子如图所示"镶嵌"在正电荷背景中

虽然在汤姆孙的原文里并没有提布丁，但是在这个模型提出以后，还是被自然而然地冠上了梅子布丁模型之名。在我们的教材里，对这个模型的称谓主要为布丁模型、枣糕模型、葡萄干布丁模型，甚少翻译为西瓜模型。这个译名着实困扰了小时候的我，困扰的原因主要还是在吃上。小时候吃西瓜倒是方便，但没有见过布丁，生在南方也极少见到枣糕，所以当时实在想象不出来电子是怎么分布在原子核里的。幸运的是，老师在一周以后就解决了我的困扰。不过解决的方法既不是给我们每人发一个布丁，也不是在课上展示一下啥是枣糕。而是告诉我们，汤姆孙模型是错的，于是我屁颠屁颠地就去学习卢瑟福模型了。

虽然我们现在已经知道原子核中的正电子主要集中在原子核内，但是并不代表这种正电荷背景的想法没有用武之地。在固体物理中，凝胶模型正是假设电子在均匀分布的正电荷背景中运动，此时就可以推导出屏蔽效应啦——物理理论告诉你，这种屏蔽使异地恋没那么牢靠。

凝胶模型示意图（凝胶相当于正电荷背景，电子在里面运动）

☀ 谁都想要那块最大的

在分瓜的过程中，难免遭遇分瓜抢瓜大戏。这个问题被称为公平分配博弈，是指为若干个分配者分配有限数量的资源时的博弈。这个问题看上去很简单，但是如果你想要让每个人都满意分配的结果，不羡慕别人分到的结果的话，是非常非常非常难的。

首先一个困难的点在于，在第三者看来的绝对等分，对于被分配者而言并不是真正意义上的等分，根据选择的先后，谁决定的分配份额，相互之间会产生猜忌，总觉得对方拿到的要比自己的多。如果分配不当，脾气暴躁的说不定就先吵起来了……

对于只有两个人分西瓜的情况，就是一个常见的脑筋急转弯题目。我们假设有小红和小蓝两个人分西瓜。我们安排小红先把西瓜等分为两份。此时小蓝视角里的西瓜并不是均分的，而是有大有小的，所以先让小蓝选择了他觉得大一点儿的那一份，小红选择剩下的。在这个过程里面，既可以保证公平分配，也让两个人不会互相羡慕。

但是如果人数稍微多那么一个，情况就会变得相当相当复杂。以下就要开始烧脑环节了啊。

我们还是假设有小红、小蓝、小绿三个人来分西瓜，希望分配西瓜的过程中相互之间都没有猜忌。

第一步，先由小红操刀，把西瓜等分为三份。然后小蓝和小绿分别选择他们觉得最大的那一块。如果小蓝和小绿选择的不是同样的那块，那么万事大吉，瓜就分好啦。但是如果小蓝和小绿都觉得右边的那块西瓜最大，那游戏就要继续了。

第二步，由小蓝拿刀，把他觉得最大的那块切掉一点，直到他觉得那块西瓜变得跟第二大的西瓜一样。然后小绿小蓝再分别拿西瓜，如果小绿没有拿走被切掉一点的那块的话，小蓝必须拿走被额外切了一刀的那块。小红拿走最后剩下的那块。此时三个人都很满意，因为在小绿看来，他是最先选择的那个；在小蓝看来，第一和第二是一样的；在小红看来，三块都是等分的。

第三步，三个人分剩下来的那一小块西瓜。这时我们让小绿和小蓝之中没有选择被额外切了一刀的那块西瓜的人来切西瓜，不妨假设那人就是小蓝吧，让小蓝把剩下的一小块西瓜等分成三份。此时小绿先选，小红次之，小

蓝最后。小绿因为最先选择，所以不会嫉妒；小红因为觉得小绿所有的加起来都比不上自己原来的那块，所以也不会嫉妒小绿先选择了；小蓝则因为自己等分的西瓜，次序并没有关系。

自此，我们终于完成了三个人无嫉妒公平分瓜任务……但是人数稍微一上升，切瓜的次数显著增加，逻辑关系变得极端复杂，对于四个人及以上的情形，目前得到的无嫉妒公平分配算法切瓜次数上界为 n^n^n^n^n^n 量级，这是一个比宇宙中总原子数还要恐怖的数字……

☀ 后记

那天晚上，虽然遭遇了分瓜小纠纷，但是大家依旧吃得很开心……

大家并没有打起来，因为所有瓜没切好的锅……都让我背了！

冬天穿衣服为了保暖，夏天穿衣服为了什么？

作者：王 恩

这天热起来以后是真的日子过得一天不如一天……在空调坏掉还没修好的日子里，热到眩晕的大脑时不时就会闪过一个大胆的想法——人为什么要穿衣服呢？你说冬天也就算了，我恨不得把被子都披身上，那夏天为啥还要穿衣服呢？

为了能够有一个更加舒适的夏天！

为了给在宿舍裸奔的你我他找一个正当的理由！

本人决定从物理学里的热学出发，一探究竟。

☀ 被打包贱卖的自由度——啥是热

热，从宏观上来说就是物体的冷和热，但从微观上来说其实就是物质中所有无规运动的粒子的动能之和。因为原子核和电子的质量相差悬殊，所以这些动能主要来自原子核。提这一点是因为针对不同组分，可以有不同的温度概念，比如电子温度等。而这个概念在诸如核聚变等场合需要频繁用到。核聚变时内部已经变成了一个等离子体，核外电子摆脱了原子核的束缚。

估计大家肯定都听过：浙江温州浙江温州，最大皮革厂，江南皮革厂倒闭了！……我们没有办法，拿着钱包抵工资！原价都是 100 多、200 多、300 多的钱包，通通 20 块！通通 20 块！其实在经典热力学里面，分子的无规运动动能也和这皮革厂的"钱包"一样，通通打包贱卖……

即便在一块寒冰中，里面的水分子依旧存在着永不停息的热运动。这种不停的运动是既随机又复杂的，而且任一原子的能量起伏都可以很大。使用能量均分定理可以计算出每个原子的平均动能，以及许多振动态的平均势能。

水分子微观结构示意图（红球代表氧原子，白球代表氢原子）

在玻尔兹曼发展了热力学的统计理论以后，科学家们终于可以在理论上计算出特定温度下系统内能的大小。气体处于平衡态时，分子中任何一个自由度的平均能量都相等，均为 1/2 kT，这就是能均分定理。这个结论的有趣之处在于统一了分子里面不同的运动自由度，原来是振动、转动、平动的能量，统统 1/2 kT！统统 1/2 kT！

虽然玻尔兹曼的统计理论非常完善，解释了实验上的很多现象，但还是面临了很大争论。最大的困难来自，当时很多科学家认为他的研究根基，原子和分子就不存在。这场争论持续了数年之久，在巨大的精神压力之下，最终玻尔兹曼在情绪失控中自缢身亡。

☀ 热量是怎么自由奔跑的

传导、对流和辐射。这个估计大家都背过，被自然科学老师从小念叨到大。而这里面又可以分为两类，物质内传热和物质外传热。前面也提到了，内能实际上就是系统内的分子或原子无规运动的平均动能，比如固体中，原子一个紧挨着一个排列，那么动得更快的原子就会推动动得更慢的那些。而气体里面，这个过程就难得到，这正是热传导。对流则主要发生在流体中，比如加热一壶水，从底部加热会比从上面加热要容易加热得多。因为如果从底部加热，热水上升，冷水下沉，加热会更有效率。

相比前面两者，辐射则并不那么直观。人们为了能够真正地理解辐射，最后一直整出来 bug 级别的量子力学这样的存在才完全理解。当然如果不去管背后太多复杂的东西的话，冬天里的烤火、晒太阳，都是通过辐射来获取热量的方式。通过电磁波来携带能量。

所有的物体都会向外辐射，这其中有一个很常见的应用——热成像，它通过捕捉物体辐射出的红外线的强度进行成像。比如在热成像图中颜色越黄的区域，温度越高。

热成像图

☀ 人到底有多热?

回到我们今天在最前面抛出来的问题上,人为啥会穿衣服,这显然有很多社会学的因素,我们姑且不论,就从热学上来谈一谈这件事情。平时,我们待的环境绝大多数都没有超过我们的体温,因此人体一直不断地在向外辐射热量。有一点其实挺反三观的——在绝大多数时候,通过汗液蒸发等方式散热的都只是很小一部分,真正占了最主要部分的,反而是我们平时都忽略掉的辐射散热。传导散热次之,而人体和空气通过热传导散热则几乎可以忽略不计。辐射之所以这么重要,就是因为其散热的功率,和温度的四次方成正比。

人造卫星对宇宙微波背景辐射的观测所绘制的图像

我们耳熟能详的宇宙里面的微波背景辐射,对应的温度只有 2.7K,需要用巨大的天线才能测量。而人体的体表温度接近 300K,单位面积辐射热量的功率是微波背景辐射的一亿倍。为了更详细地计算,我们使用中国人群平均数据,体表面积约为 1.6 ㎡,人体核心温度为 37℃,体表温度通常为 33℃,人体站立姿态时有效辐射面积约为体表面积的 0.73 倍,环境温度 25℃,身体裸露时净辐射功率约为 55W。这个数目真的不小了。同样,我们也可以估计对流散热的功率约为 30W。

☀ 所以衣服到底有啥用？

很多文章里面都说，衣服的颜色其实很重要，穿不穿衣服也很重要，这在热学里面其实也是很有道理的。前面提到了热辐射占了散热主要因素，衣服的颜色越浅，其反射电磁波的能力也就越强，因此天气炎热在户外的时候，大家都比较推荐穿浅色的衣服。

但其实真实情况比简单的分析要复杂，一个常常被大家忽略掉的因素是环境中的风速。曾经有文献系统地总结了鸟类的羽毛对其散热的影响。鸟类和人类的散热也大致相当，辐射散热占据了半壁江山，另外半壁江山由对流占领。讲道理大自然中有这么多黑色的鸟，其没被太阳晒死，风就占据了很大的功劳。因为黑色吸收了绝大部分的辐射热量，这些热量集中在羽毛的表层，只要环境风速较大，就可以迅速地把热量全部带走。

环境中的风其实对于散热也有着很大的影响

前面提到浅色的衣服反射电磁波的能力比较强，所以它反射人体自身的辐射的能力也比较强，更多的热量反而返回给了人体，在外界风较大（>3m/s）的情况下，浅色衣服相比深色就不能发挥更好的作用了。

不穿衣服直接在户外作业其实一点都不推荐，原因也很简单，宽松的衣服其实起到了很好的隔绝太阳辐射、吸收热量的作用。在空气流动之下，衣服的散热也远比身体表面散热要容易很多。

完了，以后没有理由裸奔了！

那一夜，我向"蛐蛐儿"问起了温度

作者：王井上

每逢夏日，敢问除了"热"，你还能想到别的更贴切的词吗？尤其是进入7月，天气预报播报的都是高温蓝色预警。

灾害预警按照由强到弱，一般可以分为四个等级，从低到高分别对应四种颜色分别是蓝色、黄色、橙色、红色。而对高温预警来说，红色预警程度最高，是24小时内最高气温将升至40摄氏度以上。

这么一看，那这个排在最后的蓝色预警怎么听上去像个"弟中弟"？

"弟中弟"为什么还这么热呢？原来高温蓝色预警是气象台（当天）预测未来48小时某个城市大部分地区将持续出现最高气温35摄氏度及以上的高温天气而提前发出的预警。说白了，就是提前告知我，这几天的命将是空调给的！

那么地球上的热量是怎么来的呢？它又有多少呢？

☀ 太阳辐射惹的祸？

抬头望望天，太阳在笑。

转头看大家，快要蒸发。

所以这么热的天，一定是太阳搞的鬼！

太阳辐射

在说明太阳输送给地球多少热量之前，别急，先硬核一下讲几个专业名词：太阳辐照度是在测量仪器的波长范围内以电磁辐射的形式从太阳接收的单位面积的功率。对时间积分的太阳辐照度被称为太阳辐射。辐射强度可以通过一系列公式和模型计算出来，最后我们可以得到大气顶层垂直于太阳光线的单位面积每秒钟接受的太阳辐射，也就是常说的太阳常数，大约是 $1.35kW/m^2$。如果乘以地球的截面积，这个能量将会非常巨大。

然后光线继续向下，通过大气层时会有一定的衰减，即由于大气层的气体分子、水蒸气和尘埃等对太阳辐射的吸收、反射和散射，使得到达地面的热量减少。不过你先不用急着感谢大气层。到达地面的太阳光会有一部分反射回去，这个时候大气层一样会反射一部分辐射回地面，也就是相当于给地面盖了一床"被子"。

虽然夏天确实会更热，但是大气层的这个"被子"作用使得地球昼夜温差变化不至于过大，也有利于地球生命的繁衍与生存。

虽然我知道它很热，但是我想知道它到底有多热该怎么办？

☀ 我想知道有多热？

体感温度很"高"，可是这个高应该怎么量化呢？

这个时候就需要我们的温度测量工具——温度计了。

温度计分很多种，比如气体温度计、电阻温度计、温差电偶温度计、压力式温度计等，总的来说，就是利用测温材料或者测温介质某个参数随温度而改变进行温度测量的。

常见的玻璃管温度计是利用热胀冷缩的原理来实现温度的测量的，利用的是测温介质的膨胀系数与沸点及凝固点的不同，所以我们常见的玻璃管温度计主要有：水银温度计、红钢笔水温度计等。

一般的玻璃管温度计具有结构简单，使用方便，测量精度相对较高（满足日常测温）和价格低廉的优点。缺点是测量上下限和精度受玻璃质量与测温介质的性质限制，且易碎。而现在大多数集成的电子温度计一般使用的是温度传感器，是可以将温度转换为可输出信号的传感器，然后通过显示器显示温度，具有测量精度更高、体积更加小巧等特点。

赶紧拿出我的温度计，测一下。嗯？我的温度计呢？

这可该如何是好？直到耳边传来了"唧唧"的蛐蛐儿声。

☀ 蛐蛐儿也能测温度？

答案是肯定的。

直觉一般会告诉我们，温度越高，化学反应就越快（越热大家越暴躁）。阿伦尼乌斯方程就是体现反应速率随温度变化的公式：

$$k = Ae\frac{-Ea}{RT}$$

其中 k 是速率常数，A 是指前因子，Ea 是反应的活化能，R 是通用气体常数，其值为 $8.314 \times 10^{-3} kJ\, mol^{-1} K^{-1}$，T 是绝对温度（开尔文为单位）。

阿伦尼乌斯不仅适用于一些化学反应，而且包括蛐蛐儿在内的所有冷血动物体内的生化反应速率也遵循阿伦尼乌斯方程，也就是说蛐蛐儿体内的生化反应速率严重依赖于周围的温度。

具体来看，如蛐蛐儿发声所需要的肌肉收缩的力量，是由其体内发生的一系列生化反应所产生的能量提供的，外面越冷，蛐蛐儿肌肉中的化学反应越慢，"唧唧"声的频率也就越低，当外面变热后，"唧唧"声频率又会增加。

而蛐蛐儿没有能够控制体内温度的机制，无法像人一样维持恒温，这意味着它们无法自行改变"唧唧"的频率。而这种与温度的唯一相关性，让我们完全可以不睁开眼睛而知道当前温度，这个规律首先被一位物理学家埃米尔·多贝尔所发现。

多贝尔在他家外面的草地上进行了三次记录和统计，在 60 华氏度时，蛐蛐儿"唧唧"的次数大约是每分钟 80 次，在 70 华氏度时，大约是每分钟 120 次，而当温度低于 50 华氏度时，蛐蛐儿大约保持在每分钟 40 次的速度。随后他进行了统计，找到了其中的规律，用于近似估算当前的室外温度：

$$T_F = 50 + \left(\frac{N_{60} - 40}{4}\right)$$

N_{60} 是每分钟蛐蛐儿"唧唧"次数，T_F 是华氏温度。

到 1948 年，该公式正式命名为"Dolbear 定律"。

重新以摄氏度为单位，会得到：

$$T_c=10+\left(\frac{N_{60}-40}{7}\right)$$

觉得数 1 分钟有些累，可以使用简化版的公式，只需数 8 秒内"唧唧"数来估算温度，即：

$$T_C=5+N_8$$

这样，即使你没有温度计，依然可以估算当时的室外温度（美滋滋）。

☀ 谁是多贝尔？

多贝尔是美国物理学家和发明家，他以 1882 年发明的无线传输电报信号系统而闻名于世。

其实，多贝尔发明了第一台带永久磁铁的电话接收器，比贝尔早了整整 11 年，但未遵守正确的专利局手续而无法被证明。由此可见，做什么都要有合规手续。这使他没能像贝尔、爱迪生一样被大家所知。

多贝尔还发明了静电电话和白炽灯系统，但是最有趣的莫过于以他的名字命名的由"蛐蛐儿"声音频率测温度的公式——多贝尔定律，也就是 1897 年，他在杂志 AMERICAN NATURALTST 上发表了名为 The Cricket as a Thermometer 的文章，短的仅仅只有两页。

不过蛐蛐儿"唧唧"的频率也会随着年龄阶段等的变化而有些许的不同，但是，大部分情况下，Dolbear 定律还是能够近似测量当地温度的。

☀ 何处找蛐蛐儿？

蛐蛐儿，学名蟋蟀。有斗鸡、秋虫、夜鸣虫等称谓，并且非常古老，距今至少已有 1.4 亿年的历史了。

　　蟋蟀生性孤僻，一般的情况都是独立生活，绝不允许和别的蟋蟀住一起（雄虫在交配时期才会和另一个雌虫居住在一起），因此，它们彼此之间不能容忍，一旦碰到一起，就会咬斗起来。也正是这个原因，才发展出了"斗蛐蛐儿"这项活动。

　　道理我都懂了，现在万事俱备，就差一个蛐蛐儿了。

　　那么，我该去哪里找它呢？

　　蟋蟀分布地域极广，几乎全国各地都有分布。蟋蟀喜欢穴居，常栖息于地表、砖石下、土穴中、草丛间等。夜出活动，属于杂食性生物。

　　好了，我要去草地找蛐蛐儿去喽。

雨滴会不会砸伤人——不只速度的因素

作者：薛　健

现在很流行的一个笑话，说是有一个人不小心加入了一个物理学博士群，一群博士在群里面讨论一个问题：一滴水从很高的地方落下来会不会砸死人。群里讨论得很激烈，各种专业人士、各种建立模型。最后这个人实在看不下去了，弱弱地说了一句：你们见过下雨会砸死人嘛?

这个笑话不晓得是不是杜撰的，反正现在充斥的各种"知识无用论"都会拿这个笑话作为论点。我还曾听过一个评论，说在知识大爆炸的当今社会，人们习惯用已有的、成熟的、专业的知识来看待问题，结果往往忽略了问题的简单性……

作为一个在物理学上浸淫了十年的物理学"geek"，我此刻只想弱弱地说一句，这个问题，还是很值得研究的。之所以成为笑话，是因为这个问题提出的角度太过于迎合"知识无用论"了。在此，我们换一种问法：为什么从很高处落下来的水不会砸伤（砸死太血腥了）人?

对于这个问题，直观的感觉好像是这个样子的，水这么"软"的东西，也会砸伤人? 然而实际情况是，在相对速度很大时，水就变得"不软"了。作为游泳爱好者，我还清楚地记得在第一次从跳台上跳水之后肚皮肿得有多高……推而广之，从几千米的高空掉入水中，结果可想而知。明显水的"软"并不是砸不伤人的原因呀（下次千万不要再说找块豆腐撞死算了，高速运动的豆腐真的可以撞死人……）。

这样可以得到一个结论：高空落下的水之所以不会砸死人，是因为它的速度不够。更确切地说，是因为它的动能不够（稍微严格一些的推导是这样子的：简化模型，假设水滴砸人的过程中，"砸人"的力是均匀的，水滴"砸完"人之后动能近似为零，由 $E=F*s$ 可知，在水与人接触的长度 s 近似相等时，能量越大砸人的力 F 越大，人也就越疼了）。那它的动能小，又是什么原因导致的呢？

作为一个物理所公众号问答专栏的铁杆粉，记得有一期有个问题是为什么蚂蚁从高空落下不会摔死。

> # Q
>
> 在生活中注意到似乎比较大的物体，如人、老虎之类的从高处下落会摔死，而蚂蚁、蟑螂之类的小动物却似乎多高都不会摔死，请问这是为什么？
>
> 大肠杆君□

专栏编辑给出的专业回答中有这样一部分：物体的质量是与体积（即线度的三次方）成正比。而物体受到的空气阻力是与面积（即线度的平方）和速度成正比的，因此在空中降落的物体的最终速度是和物体的线度成正比的。前面说的这段话跟绕口令似的，简单（但不严格）的结论就是：在密度一定时，越大的物体下落时的最终速度越大。

相信每个人都有这样的经验，从高处倒下来的水，都会散成水滴。推而广之，从高空（可以让水滴达到最终速度那么高）倒下的水，都会散成小水滴。小水滴的线度很小，它的最终速度也就不会很大了，加上它的质量很小，在落地时，它具有的动能（$E=\frac{1}{2}mv^2$）就非常小了。这样小的动能，确实不会对人体造成伤害。

至于水会散成小水滴，这是由于水这种液体是靠氢键和分子间作用力将分子"黏"到一起形成的。这种力相对来说很弱，在水下降的过程中，最下层的水直接受到空气阻力，速度变慢，会导致上层速度比较快的水想从旁边"超车"。这就致使水越来越薄、面积越来越大，而最终薄薄的一层水膜就被空气阻力"割裂"了。

基于以上讨论，可以设计这样一个实验：找一个能保持形状的正方体空腔轻质薄膜（简单说就是类似纸杯的东西），这样的薄膜从高空中落下来最终速度会很小，照样不会"砸伤"人。然后在里面放满水，再从高空中落下来，依然不会砸伤人吗？答案是否定的。

其实高空降落的水滴，不会砸伤人，但是会不会砸伤其他生物呢？比方说蚊子之类的？水滴落地时的动能对人不会造成伤害，但是对于像蚊子这样的小生物来说，那就像一辆高速行驶的卡车对于老鼠一样。如果蚊子刚好在地面上被水滴砸中的话，它确实是会被砸伤甚至砸死的。

在美国就有人研究过这个问题。他们在玻璃箱内模拟了下暴雨的场景，并用快速抓拍的摄像设备拍下了蚊子被雨滴砸的全过程。结论是蚊子能轻松逃脱。这是因为它们身体非常轻，又是飞行高手，当雨滴从正面、侧面等多角度砸下来的时候，蚊子通过侧飞、翻跟斗等多种形式顺利化解了雨滴的冲击力。

当然，也有蚊子被雨滴正面砸中的情况，然而只要不是蚊子倒霉的正好在地面被砸中，它还是有自己的解决办法。详细地讨论参见 2015 年"菠萝科学奖"物理学奖：蚊子为什么不会被雨滴砸死（佐治亚理工学院生物力学实验室首席科学家胡立德博士）。

这就是进化的结果吧。让人不禁感叹：真是物竞天择，适者生存。

1.6
你现在还不知道的地铁上广告的原理，居然和两百年前的发明有关系

作者：王　恩

当你每天穿行在地铁之中，不知道你有没有注意到这么一个现象。当列车逐渐加速行驶起来以后，在车窗外出现了不断变换的画面。不知道大家第一次见到的时候是怎么样一个心情，是不是一眼就看穿了这里面的秘密？反正我第一眼看到的时候就觉得这是个黑科技（见识短让大家见笑了）……然而事实上，这里面的原理，200 年前的物理学家就已经做出了原型。

 费纳奇镜

在 1832 年的冬天，比利时物理学家尤瑟夫·普拉托（Joseph Plateau）和奥地利数学家西蒙·史坦弗（Simon Stampfer）几乎同时地发明了费纳奇镜（Phenakistoscope）。在最开始，费纳奇镜中往往把图案画在圆盘上，然后将其转动起来。透过具有均匀条带的狭缝装置，我们就可以观察到动画的效果，这也是人们最早提出来的动画的效果，如今看起来就和一段几秒长的 GIF 动画相类似。

费纳奇镜刚发明之初，人们需要转动圆盘来"制作"动画

这背后的原理也很简单。如果狭缝和图案转动频率相匹配，当人们透过一个狭缝位置，就可以依次看到后面每一帧的动画图样。利用视觉暂留，原本短暂的帧与帧之间的变化被人们通过"脑补"补上了。

实际上，人们意识到存在视觉暂留效应就在这之前没多久。1824年，英国伦敦大学教授皮特·马克·罗葛特（Peter Mark Roget）在他的研究报告《对通过垂直狭缝观察轮子辐条外观变化幻觉的解释》（*Explanation of an optical deception in the appearance of the spokes of a wheel when seen through vertical apertures*）中最先提出人眼观察在这里面起到的作用。虽然这篇文章中的关于幻觉形成的论述在现在看起来显然已经不合时宜，不过并不妨碍它在电影史和动画史上的重要性。

现在普遍认为，视觉暂留是由于被观察物体移去后，视神经对物体的印象不会立即消失，而是会持续一小段时间。普拉托在当时还是个学生，而费纳奇镜的发明很可能就受到罗葛特这篇研究报告的影响。不过普拉托后来因为沉迷视觉暂留现象的研究付出了惨痛的代价，他把太阳光聚焦到眼睛里长达 25s，为此彻底失去了自己的视力。

回到最开始的费纳奇镜中，当狭缝和图案不相匹配时，人们看到的图像将会产生漂移。当然，在实际观察的过程中，旋转狭缝引起的图片的闪烁、变形等都会对观察的结果产生影响。我们现在看到的，大多都是用电脑软件制作的。

☀ 3D 动画

如今，费纳奇镜已远远不止于平面上，利用它，人们可以实现三维空间中的动画。原理依旧很相似，但是我们不再使用狭缝，而是使用频闪的灯来代替。其实这个原理我们早在生活中，或者电影里就见到过了。比如《惊天魔盗团》里面的控雨神技：

当第一次照亮雨时，你会看到一个雨滴，当灯关闭后第二次开启，这时刚好有另一滴雨在之前你看到的雨附近，你的大脑会错认为这滴雨就是刚才那滴，从而得出雨静止的错误结论。

又比如平时看到的倒转的风扇等，都是我们生活中就能看到的例子。实际上，还有很多公司利用这种形式的动画来做广告。

☀ 视频从哪儿来

说到这里，不知道你有没有想出来地铁上视频的原理？

现在利用投影和连续长屏幕的方式来进行视频投放的方式并不多见，主要原因还是在于成本。实际上在数百米长的隧道壁上连续安装几百条灯柱就能达到同样的效果。我们只需要在每个灯柱上设定好出现的图片的顺序，就能让画面连续地动起来，就和老式电视机中的显像管一样，一行一行或者一列一列地不断扫描，形成人眼最终看到的动态的画面。

北京地铁隧道内景图（通过在隧道墙壁上挂上 LED 条状的阵列，就可以实现动态的视频演示）

☀ 不止于此

上面所说的都是怎么呈现一个动态的画面。那反过来，怎么把一个动态的画面录制下来呢？其实这两者有异曲同工之妙，电影就是这么拍的。现在我们如果来挑战一件更有趣的事情，比如给光的传播录个像。来自 MIT 的 Ramesh Raskar 最终实现了这个任务，把光在可乐瓶中传播的整个过程给录了下来。

实际上光速真的非常非常非常得快，一束光从一个可乐瓶的头走到可乐瓶的尾只需要零点几纳秒（1纳秒等于0.000000001秒）。而在这个过程中可以被外部观察到的光子数量屈指可数。既然一次看不清，那就重复几百万次。而我们肉眼最终看到的那幅图像，便是重复了几百万次后的结果。

1.7

所以，WiFi 和 4G 到底哪个更耗电？

作者：周思言

现代人行走江湖，必备三件法宝：

手机！网络！充电宝

即便在 4G 基站遍布各个旮旮角角的今天，当你带着心仪的人儿走进一家咖啡店，第一件事仍然是低声问一句："WiFi？"

这句话就像是一句接头暗号。如果店家点头说出"8 个 8"或"店名全拼加 8 个 8"等密码，你们便四目相对会心一笑……

虽然大家连 WiFi 都是因为穷想玩得更开心，但在很多方面，大家并不知道 WiFi 和 4G 孰优孰劣。

下面我们就从网速和耗电这两个方面来比较一下 WiFi 和 4G。

 **网速**

在这个年代，最恶毒的话是：

诅咒你 WIFI 没信号！

除了没信号，连着 WiFi 却连网页都刷不开是更让人生气的事情！！

WiFi 的网速主要跟它的工作频段和路由器的天线数有关。

现在 WiFi 主要的工作频段主要有两个：2.4GHz 和 5GHz。如果你看到家里路由器下面写着 2.4G 或 5G，那它们的"G"指的是频段"GHz"。而 3G、4G 和 5G 的"G"指的是"Generation"，是第几代的意思，指的是移动通讯技术。

不同协议下的 WiFi 性能是不一样的。

不同协议版本下的 WiFi 性能概况表

协议版本	发布时间	工作频段	峰值速率	覆盖半径
802.11	1997	2.4GHz	2Mbps	–
802.11a	1999	5GHz	54Mbps	约 30 米
802.11b	1999	2.4GHz	11Mbps	约 30 米
802.11g	2003	2.4GHz	54Mbps	约 30 米
802.11n	2009	2.4GHz 或 5GHz	600Mbps	约 70 米
802.11ac	2011	5GHz	867–1730Mbps	约 35 米

以 802.11n 版本为例。理想条件下，4 天线路由器工作在 2.4G 频段时，最大下载速率可达 600Mbps，覆盖半径可达 70 米。而工作在 5G 频段时的理论性能则更优良。

但是，理论推算终究是理论推算。

别说 600Mbps，你就想想你用手机上网，它什么时候达到过 200Mbps。所以，这难道就是传说中的卖家秀和买家秀吗？

其实，通信标准没有骗你，骗你的是生活！

很多家用路由器都是优秀的双频路由器，然而愚蠢的人类却一般只用到了 2.4G 这个频段（其实主要是很多设备不支持 5G 频段）。

而且即使它号称千兆带宽，覆盖范围 70 米，同一个路由器会连接你的手机、平板、笔记本等各种设备。再加上家里总有那么几口人，每个人都掏出自己的手机、平板、笔记本……分摊下来的结果就是——大多数时候网速都达不到 10MB/s。

再差点儿的情况（比如过年），家里人太多的时候，路由器会承载不住太多的设备同时工作，并且 WiFi 状态下很多 App 会自动后台干些小事情，搞不好路由器就直接宕机了。所以，你的王者荣耀又 460 了……

再来说说 4G 网络。现在的主流移动通信标准 4G LTE，理论最高带宽为 150Mbps。LTE-A（也就是 LTE-Advanced）是增强版的 LTE，采用了载波聚合技术，峰值速度甚至能达到 1000Mbps！

然而，你却又一次发现，交了这么多话费，手机网速连 5MB/s 都没到过……

等等，先别去炸运营商。你想想，你家路由器只连接了几个设备都有可能卡，而 4G 基站同时连接了整个小区的人，分摊下来没有卡到爆炸，说明移动爸爸的技术已经很过关了。

另外，很多楼房地形复杂，而 4G 基站往往又在楼顶。因此，当你在墙根儿和楼底下的时候，4G 信号会尤其不好。

这种情况下，4G 信号为了与你的手机相遇，需要无视干扰、跨越墙头、绕开屏障，越过重重阻碍。而且，中途还会有其他手机的不断引诱，搞不好就被拐跑了。

所以，它能来到你的手机跟前已经非常不容易了，珍惜它吧。相比之下，WiFi 信号经历的挫折就少多了，因此它的网速更快也就很好理解了。

结论：4G 网速慢，WiFi 网速快。

☀ 耗电

这个年代，还有一句最恶毒的话，那就是：

诅咒你手机没电！

耗电主要跟手机的发射功率有关。而发射功率很大程度上跟设备与信号源之间的距离有关。一般来说，距离越远，所需的发射功率越大。

先说 4G。要保持稳定快速的 4G 网络连接，手机与基站之间必须进行频繁的上下行信号交流。此时手机的发射功率一般在 100mW 到 1000mW 之间。信号状态好的时候，正常的使用也就 100mW 到 200mW 左右。

城市里的信号连接

但当信号不太好时，手机还得发射更大功率的信号来搜索网络，此时手机的发射功率往往会更大。

而且，为了不被居民发现且保持大范围的辐射，很多基站都被伪装在高处，比如一棵树，一颗……仙人掌以及一根烟囱……

即使它们已经如此煞费苦心地潜入了你们的小区，但它们跟你家窗户还是有一大段距离的。

而 WiFi 是通过路由器发射信号，在你家这样一个稳定的环境中近距离覆盖。

假设 100 平方米的房子，即使你在墙角蹲着，把路由器挂在窗户外面，距离也不超过 20M，日常使用时，手机的发射功率大约 50mW 就足够了。苹果也给了一个官方的续航数据：

苹果手机不同状态下官方的续航数据一览表

	iPhone 7（小时）	iPhone 7 Plus（小时）
无线音频播放	40	60
无线视频播放	13	14
WiFi 下网页浏览	14	15
LTE 网络下网页浏览	12	13
3G 网络下网页浏览	12	13
3G 网络下无线通话	14	21

（这里的 LTE 指的就是 4G）

这个数据说明的问题对于安卓手机也同样适用：在同样的手机和同样的使用情况下，使用 WiFi 比使用 LTE 续航更久。

这也是符合预期的，毕竟在信号的世界里，距离产生的不是美，而是不稳定！

结论：WiFi 更省电，4G 更耗电，又开 4G 又开 WiFi 最耗电。

但是在现实生活中，很多人往往会觉得 WiFi 比 4G 耗电。连我本人也感觉连着 WiFi 用不了一会儿手机就没电了……

朋友，我建议你先关掉手机里的视频音乐王者荣耀。用流量抠抠搜搜，用 WiFi 就放飞自我，能不耗电吗？！

总之，在正常的实验条件下，从网速和耗电量的表现上，WiFi 比 4G 优秀。

所以，下次如果你又带着心仪的人儿去喝咖啡，连上 WiFi 之后，告诉他，连 WiFi，更环保！

"防骗手机"能飞能折还能防诈骗？学物理的坐不住了……

作者：王　恩　刘翼豪

要出新手机了？？？

惊闻支付宝推出了一款新手机。听到这个消息，我的内心是这样的：

啥时候支付宝也开始做手机了？？？

我们先随意感受一下"休想骗我"的脑洞到底是什么样子的……

机身与屏幕是一个整体，真正的全面屏？

摄像头与屏幕融为了一体，隐藏式摄像头？

嗅觉传感器？

飞行模式？真正的飞行模式？

……

这，信息量也太大了吧！！！

我的天，我只想说，我不是针对谁，但在座的各位都是……

我正打算和别人大吹特吹，不过转念一想，不对啊！4月1日，是愚人节啊！

Excuse me？支付宝在愚人节的时候发布了一款"防诈骗手机"？你这是

在逗我吗!

作为一个"死理性派",我决定一探究竟,严肃分析一下这些看上去很"扯"的技术,是不是真的可行。

☀ 全面屏

支付宝这款手机可谓是真正的落地大窗户(大屏幕)了。没有多余的边框,你手指所能触及的地方,都是屏幕。手有多大,你的屏幕就有多大!

我们都知道,要想看到一个东西,只要那个东西能够发出光,或者反射光到人的眼睛里就好了。像现在手机屏幕里面,就是一个个的小像素点构成最基本的发光单位。

全面屏其实基本上就等于越来越多的发光单位。不过你说假如 N 年过去以后,世界上的手机都这个样子,乔布斯乔老爷子的棺材板说不定都按不住了……

以前的那些不管什么屏都是二维的东西。一部"黑科技"的手机,它的屏幕怎么可以仅仅停留在平面上?三维的屏幕,我们就要有三维的像素点。

想必大家一定看过流星,利用流星出现的原理,我们完全可以构建一个三维的屏幕。如果三维的像素点在空中划出一道又一道特定的轨迹,就可以组成任意想要的画面了。未来的手机,一定是装备了流星式像素点,通过激光控制光点移动和颜色,真实还原 3D 影像,用手机就能看真 3D 电影和视频,心动不心动。

而那时候如果想要与屏幕进行交互,可以通过动作捕捉技术,实时定位人的手指在空间中的精确坐标,实现定位和准确操控。

☀ 隐藏式摄像头

摄像头可以算得上大家生活里的刚需,拍天拍地拍空气。新款手机的摄像功能也是越来越强大。现在还推出了买单反附赠通话功能的活动……

可是，如果是全面屏，摄像头该放到哪里呢？

真相只有一个，摄像头融入了屏幕！

正所谓"小隐隐于野，中隐隐于市，大隐隐于朝"，要想做到真正的隐藏式摄像头，单纯地实现让大家看不到这个摄像头在哪里可能还不太够。最绝的隐藏式摄像头，其实还是要把整个摄像头的结构隐藏在其他的元器件里。就比如，手机屏幕。

光是具有粒子性的，在光照射到材料表面以后，在满足一定条件的情况下可以把材料里面的电子打出来。被揍出来的电子有两个去处：

第一个去处，远走高飞浪迹天涯，也就是大家常说的光电效应。虽然现在大家提起爱因斯坦记住的都是他提出的质能转换关系和相对论，但他本人正儿八经拿到诺贝尔物理学奖还是靠的对光电效应的理论解释。

第二个去处，则是隐姓埋名悄悄溜走，变成了材料内部的光电流偷偷跑掉。我们想象在表面上其实并排放着收集这些电子的水桶，只要记录下来到底有多少电子，就能知道有多少光照射在材料上，当然也就能够实现摄像功能了。这一类材料被统称为光电二极管，只要能够把光电二极管也集成到我们屏幕上，以后手机正面就再也不用给摄像头留位置啦。

而作为一个先进的摄像头，怎么可以没有变焦功能？要想做到变焦功能，那这时候只能请出神奇的 500 米口径球面射电望远镜（FAST）这颗天眼了。在天眼上，为了能够更有效地跟踪对焦天上星星发出的信号，采用了主动反射面系统。整个系统采用了上万根钢索组成索网，反射面索网安装在格构式环形圈梁上，它有 2400 个连接节点，在索网上一共安装 4600 个反射面单元，这些节点下方又连接下拉索和促动器装置，促动器再与地锚连接，从而实现对焦。

黑科技手机上当然也要配备这么厉害的主动反射面系统,广告语就可以这么写:怎么照都清晰,完整呈现你的美!

FAST 具有天眼主动反射面系统

☀ 真正的飞行模式

还记得小的时候,在家偷偷玩老爸的手机。看到有"飞行模式"这个选项,兴奋地打开这个功能,然后把手机从三楼扔了出去……我永远也不会忘记那一天!

不会飞的手机你叫什么"飞行模式"!!!

然而,支付宝这款手机做到了真正的飞行模式……

没错,会飞……

天呐!!!

这是养了一支顶尖科学家团队吗?!!!

我感觉我受到了暴击！

这么多年的物理我都白做了啊……

吓得我赶紧查阅了近几个月的顶级学术期刊，翻遍了 Nature、Science、PRL，想要看看这到底是什么黑科技！

一般来说，在地球大气层里面飞的玩意儿大部分还都是靠着风，而在冲出大气层以后，运动就只能依靠动量守恒定律了——不断地向后高速地喷射气体，换取向前的推力。如果是用风的话，风吹过机翼产生压强差，从而托着飞机在高空中平稳飞行。鸟儿飞翔也需要翅膀来扇动空气。一个拥有真正"飞行模式"的手机，也一定要拥有一对高科技的"翅膀"。

这样的技术在我们的现实生活中其实早就有雏形了，这就是离子发动机。离子发动机使用离子产生风，没有任何的运动部件。在实际使用的过程中，先在飞行装置内装上高压，从而实现电离空气中的分子。随着带电粒子被电场加速移动，这些粒子在运动的过程中同样也会带动周边的分子，从而形成一股强劲的风。

要说离子发动机最大的优点，那就是没有噪音！你的手机在移动的过程中丝毫不会影响到你，就像"最好的服务就是让你感受不到有服务"一样。如果真的有这种在你需要的时候就能移动的手机，那真的是太幸福了。

如果这真的实现了，那我觉得他们养的不是顶尖科学家团队，而是养了一群外星人……

☀ 超柔性可折叠机身

现在的手机发展有一个趋势，那就是越来越大，越来越弯！

听说你会90度的折叠？这算什么，180度的折叠现在都不算稀奇！以后的手机折叠性能都是720度、1080度起步的好吗！

柔性机身，转不成莫比乌斯带也好意思说自己是柔性？

真正的柔性手机，我已经无法从物理的角度来形容机身的延拓性了，拓扑材料里的拓扑都没这么拓扑……未来手机所具有的超强延展性和流动性……怕不是要用猫做的吧……

你们人类怎么又要我出场？？？

一个合格的"可折叠"手机，一定要做到静若处子，动如脱兔。

在它显示的时候，要能够站得住；在平时为了方便折叠收纳，要做到 180 度，哦不，360 度，还是 720 度、1080 度的折叠？不用在意这些转动的数字到底有什么意义，只要能够想怎么折就怎么折，那它就是一部好手机。

能够实现状态转换的材料，被称作相变材料。那什么是相变呢？冰变成了水，就是相变。水被烧开沸腾了，变成了水蒸气，也是相变。手机在使用状态下是固态相，而在折叠过程中是液态相，要想灵活地在"处子"和"脱兔"中间切换，那肯定要使用能够灵活地根据不同场景切换状态的可控相变材料了。

不要觉得上面这种材料不可能真的在真实世界中找到啊，实现这么高流动性的材料无疑就是——猫。众所周知，猫是一种流体。利用仿生学模仿猫的身体结构，就可以在手机里真实地还原相变和流动性的特点。

万物皆流，无流常住。关于猫的流动性，其实有很多非常正经的研究。

法国里昂大学的研究人员 Marc-Antoine Fardin 就通过流变学的公式，底波拉数（De），来描述材料在特定条件下的流动性。如果一个材料形状的变化时间（也被称为弛豫时间）比起观测的时间要短得多的话，这个材料就是液态的。把一杯水倒入杯子里，水会瞬间变成杯子的形状。底波拉数的定义其实就是形状的变化时间和观测时间的比值，这个比值越小，就说明这个物体的流动性越好。利用这个概念，研究人员还证明了猫的荷叶效应，在不同表面的浸润情况和粘滞行为。

Marc-Antoine Fardin 在论文《关于猫的流变学》（ *On the Rheology of Cats* ）中，用搞笑但不失严谨的科学概念讨论，为什么日常生活中的猫是流体。

在未来，什么折叠不折叠都不重要了，底波拉数将会成为衡量手机流动性的唯一标准。敲黑板划重点了啊，一部手机如果不敢公布自己的底波拉数，那就是要流氓！

☀ 分子嗅探

作为一部合格的黑科技手机，不仅要有视觉、听觉，还应该实现嗅觉，实现常见有毒化合物的智能嗅探，比如嗅探出地沟油、过期食品、劣质化妆品等。

古代有银针试毒，可以想象，在不久的将来，人们吃饭前都将习惯性地把黑科技手机扔进火锅里涮涮，看看锅底是不是地沟油……

在现代的手机里面其实已经有了很多的传感器，比如可以用于检测步数的加速度传感器，可以用来判断南北方向的磁场传感器，用来检测手机方向确定是否横屏显示的重力传感器，用来确定手机在空间中具体朝向的三轴陀螺仪……说了这么多，怎么感觉把嗅觉给漏掉了？

其实用"嗅觉检测"这个名字也不是很合理，更合理的叫法应该为"特定化合物功能检测"。想要判定一个东西尝起来甜不甜，一条很简单的判断原则是数一下这个化合物中羟基的数量。东西吃起来鲜不鲜，就是氨基酸在里面起作用。

现在科学家们检测化学分子结构的手段可以说已经非常丰富了，但要说最好用的、使用最久的，当属光谱分析仪。不同化学结构和原子会在光谱中拥有不同的特征，识别这些特征，就可以分析到底是哪一类，甚至是具体的化合物。当然，光谱用的光也可以有很多种，红外光、可见光、X光等。

检测空气里的杂质，那就是随身便携的环境监测站，走到哪儿测到哪儿。检测氢离子浓度，就可以分析溶液里的酸碱性，看买到的醋合格不合格。检测食物里面的重金属离子和营养成分，吃火锅前先涮涮手机，一查便知底料健不健康，还能检测激素水平、监控身体健康状况。

感觉这是一个很了不得的点子啊，我要赶紧去申请专利了。

以上所述均是硬件，从宣传来看，支付宝这款手机除了硬件非常之外，算法也是厉害到没朋友。

"三防"是它主打的功能。所以到底是哪"三防"呢？

防盗 防伪 防诈！

理想很丰满，现实到底骨感不骨感？真的可以在现实中实现这些防盗秘籍吗？

☀ 防盗

手机不小心弄丢或者被偷，是大家最头疼的事情。尤其是现在，手机绑定了QQ、微信、支付宝，还有无数的银行卡。一旦手机丢了，基本上你就裸奔了。

支付宝推出的手机声称可以一劳永逸地解决这个问题。具体怎么解决呢?

还记得之前说过的这款手机有真正的飞行模式吗?

既然都能飞了,还要啥自行车!

按这个路子,手机丢失后一键锁定、一键定位都弱爆了!

一键召回听说过吗!!!

如果手机丢在了家里的某个角落,只需要大吼一声"飞来"!手机就能识别出你的声音,然后启动飞行模式,根据你的声音定位,飞到你的身旁!

这像不像人们与宠物狗玩耍,把飞盘扔出去,然后让狗狗跑过去捡回来。

可以想象,在不远的将来,会有一种非常流行的娱乐方式。在大草坪上,把手机扔出去,然后大吼一声"飞来",让手机再自己飞回来!如果手机被偷了,只需要在电脑上启动"一键召回"功能,手机就能定位你的位置,然后飞回来!有了这个功能,以后手机还怕啥丢不丢的。

☀ 防伪

还记得每年春节大家都在玩的"扫福"游戏吗?通过 AR 技术扫描物体,可以识别出"福"字。淘宝"扫一扫"中的"拍立淘"也是同样的原理,手机拍摄照片后,就能识别出这是什么物品,然后推送出相关的商品链接。

支付宝推出的这款手机中也应用了相同的功能,只不过更加强大,可以"识别万物"!只要通过扫描任何物品,就能识别出这是什么东西。而且这个牛吹的还有点大发了,这款"识别

扫一扫就可识别商品

万物"还能鉴别真假!

要实现这个功能,就需要有人工智能的加持!具体来说就是深度卷积神经网络(CNN)～

将输入图片输入网络后,经过一系列的卷积、激活、池化操作后,可以得到一系列的特征。之后将这些特征输入到全连接层(Fully connected layer)进行分类,最后通过损失函数反向求导,实现参数更新。与传统的 SVM 等机器学习算法不同,CNN 可以自己学习出分类所需要的特征,直接用于最后的分类,而无须手工设计特征,因此也被称为端到端学习。

如果要使用深度学习,必须要有大量的数据。想必支付宝一定积累了大量的数据库,尤其是收集了一堆假货的图片……以后再也不怕"康帅傅""周佳牌""粤利粤""大个核桃"了!

近年来,深度学习飞速发展,神经网络模型在计算机视觉、语音识别、机器翻译等任务中取得了显著的效果。大数据时代下,一些富有争议的研究也层出不穷。2016 年,某高校发表论文《基于面部图像的自动犯罪概率推断》,通过人工智能预测犯罪率;2017 年和 2019 年,两个使用机器学习预测性取向的研究也备受争议。

相比上面的这些研究,"防假 AI"算是靠谱得多了。从平台优势上来说,支付宝可以累积大量的"假货"数据,训练出一个可以识别假货的卷积神经网络并不是什么难事。倘若真的可以实现,那么防假 AI 就是真的火眼金睛了,以后再也不用担心被山寨货迷惑了～

☀ 防诈

除了识别物品,他们声称这款手机还能识别诈骗电话。如果有不熟悉的电话打过来,手机便会自动开启防卫,检测对方说话的语调、语速、频率、情绪等，判断是否是诈骗电话。

这就厉害了，这可不是简单的来电标记了，而是真正的人工智能防诈骗！

这个功能的实现建立在语音识别技术的基础上。提取出语音中的声学特征后，送入循环神经网络（RNN）或者长短时记忆模型（LSTM）中，然后进行分类。

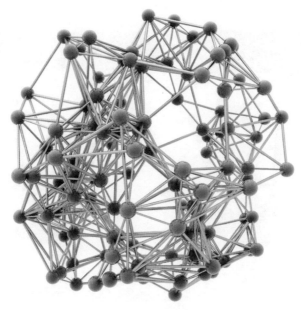

神经网络示意图

我猜，手机团队一定闲着没事就去和骗子打电话聊天，采集他们的语音信息，这才有了足够的数据量用来训练模型。

"喂，是骗子吗？能说几句话吗？我采集一下数据……"

这个功能要是实现了，这无疑就是一款"渣男克星"！

咳咳，有对象的人注意了，以后如果你对你的男朋友/女朋友说谎，黑科技手机就能识别出来！这个功能也太可怕了！还好我没有对象！

☀ 生物特征识别

还在用指纹识别、人脸识别、虹膜识别？这些在支付宝手机的生物特征识别技术面前都太 low 了！口气识别、体味识别有没有听说过！有个成语叫臭味相投，我猜跟这儿说你们一定不知道它真正的含义。每个人都有自己独特的生物特征，这些特征可以认证某一个人是否是本人。目前，比较流行的生物特征有指纹、掌纹、人脸、声音等。

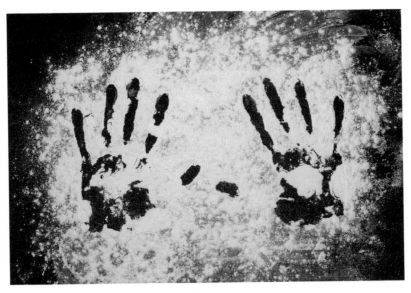

手纹

然而，以上这些识别方式都存在可攻击的漏洞，比如指纹可以伪造，人脸可以合成，声音也可以后期合成。近年来，步态识别是一种新兴的生物认证技术，它通过人的走路方式来识别人的身份。每个人走路的姿势和习惯都不同，分析走路的姿势就能够用来识别身份。

步态识别是一种非接触的生物特征识别技术。它不需要人的行为配合，而且特别适合远距离的身份识别。步态识别难以仿造，因为走路的姿势是长期形成的习惯，很难模仿。它不仅可以分析闭路电视捕捉到的凶犯的行动情况，还能把嫌疑人走路的姿态与凶犯进行比较。在一些凶杀案中，往往凶犯不让人看到他们的脸，但人们能看到凶手走路的样子。把凶犯的走路姿势提取特征后存入数据库，以后只要有摄像头捕捉到相同的姿势，便可以锁定凶犯了。

步态识别是一种新兴的生物特征识别技术——只看走路的姿态，50米内，眨两下眼睛的时间，摄像头就准确辨识出特定对象。但是对于手机来说，步态识别不太可能。你总不能每次想要解锁手机的时候，都要对着手机来一场走秀吧。那么还有什么办法呢？

每个人都有自己独特的气味，比如口气、体味、狐臭……能否利用这个进行识别呢？当然没问题！

还记得之前我们说过的"分子嗅探"技术吗？通过手机上的分子嗅探孔，手机可以感受和捕捉到空气中的分子，然后对其进行化学分析。这样就可以从每个人独有的气味中提取出特征，作为认证手段！

以后只需对着屏幕吹一口气，或者拿手机在身上蹭蹭，就可以解锁手机了！

看完了这一波操作，我的内心真是毫无波动……

那是不可能的！

如果这些技术真的都能实现，那我们不就生活在科幻电影中了吗？

人类总是喜欢做白日梦的，每年也乐此不疲地开着愚人节的玩笑。我们上可以抬头望星星，做着流浪地球的梦；下可以低头玩手机，畅想可及又或者不可及的未来。要问为什么，法拉第的电磁感应被人质疑用途，爱因斯坦打破时空界限的相对论看起来那么不可思议，那些伟大的科学上的突破在最开始不也都是白日梦吗？

毫无疑问，这一年的愚人节支付宝是给大家送了节日礼物，但是作为一名严谨的科学工作者，我还是挺认真地开了下脑洞……

说不定未来某一天，我们就能在科学上弄出突破性进展，搞出了几篇 Nature 和 Science，把"白日梦"变成现实了呢！

关于未来的技术，你还有什么脑洞吗？

第二章

发现物理之美

你是如何掉入物理这个"坑"的？

作者：杨哲森

　　我是一个学物理的人——掉入物理这个坑中无法自拔的人……平时似乎总是活在自己的世界中……

　　看到的世界够脑洞大开的，仿佛每天都是沉迷于学习、日渐消瘦的样子。比如，每次过马路的时候都会不自觉地把行人看成是一个个电子，大家从一个态（马路）跳到另一个态（对面的马路）上……当然也有一些量子涨落导致的跃迁，比如跳过栅栏。经典物理（交通规则）并不能100%地限制他们的行为……

　　好，言归正传，今天要跟大家分享一下物理学这个坑是怎么形成的。

　　话说从前从前，世界还是平的，一个人可以有很多身份，比如说亚里士多德。

　　他有很多很多头衔——心理学家、经济学家、神学家、政治学家、科学家、教育家、法律学家、伦理学家、形而上学家……总之就是百科全书般的

牛顿与苹果

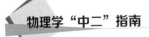

存在。

那这是为什么呢?

可能是由于那时候科学并没有很多的壁垒,一个像亚里士多德那么聪明的人,可以开辟很多领域,并且成为专家。

但是呢,突然有一天,天上掉下了一个苹果,啊!不,是牛顿,把世界砸出来一个大坑……

这个大坑就是物理学,这次苹果砸地球事件,对后世造成了深远的影响,不仅仅让贴有"物理学家"的标签的人掉入坑中无法自拔,同时也短暂地把所有的小鲜肉(中学生)们拉入坑中好几年。

这个坑在无数的先辈们的奋斗下,越挖越深,就在大家认为这个坑已经不能再深的时候,一个人出现了……

这里请大家自行脑补一下大话西游里,齐天大圣登场的音乐……

没错,这个人就是爱因斯坦。他铆足了劲从专利局的坑,跳到了物理学的坑里来,由于劲头太足,在物理学的大坑里面砸出了两个坑来——一个坑叫相对论,一个坑叫量子物理……

从此物理学进入了新的篇章,我们姑且将其称为物理学的相变,在相变临界点附近(就是 20 世纪初),是物理学的黄金年代,出现了一个又一个的英雄。

从这以后,就一发不可收拾了,在物理学的大坑里面出现了很多很多的小坑,比如高能物理、凝聚态物理、原子分子物理、光学、天文物理学等。

大家可以把自己想象成一个小球,在落入物理学的坑前,有很多很多的小坑,但是我们只能选择落到一个坑里(也就是我们选择了一个特定的真空),一般而言,我们只能在这一个真空中活动,很难隧穿到另外的坑(领域)中。

第三排左起：奥古斯特·皮卡尔德、亨里奥特、保罗·埃伦费斯特、爱德华·赫尔岑、西奥费·顿德尔、埃尔温·薛定谔、维夏菲尔特、沃尔夫冈·泡利、维尔纳·海森堡、拉尔夫·福勒、莱昂·布里渊、

第二排左起：彼得·德拜、马丁·努森、威廉·劳伦斯·布拉格、亨德里克·克拉默斯、保罗·秋拉克、阿瑟·康普顿、路易·德布罗意、马克斯·玻恩、尼尔斯·玻尔、

第一排左起：欧文·朗缪尔、马克斯·普朗克、玛丽·居里、亨德里克·洛伦兹、阿尔伯特·爱因斯坦、保罗·朗之万、查尔斯·古耶、查尔斯·威耳逊、欧文·理查森

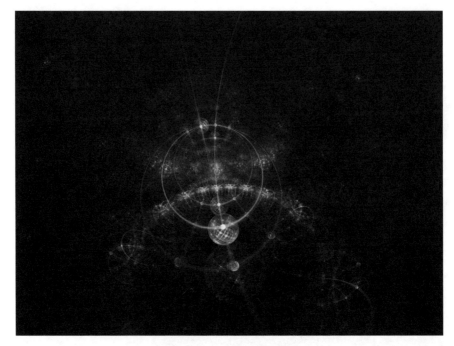

物理学

但是大家想想，这和 20 世纪初期的情况是完全不同，比如爱因斯坦，同时对光学、凝聚态、相对论、量子力学、统计物理等有很多的贡献，他可以很随意地由一个领域隧穿到另一个领域中去，同样的例子还有朗道、费米等这些 bug 一样的存在……

但是到了 20 世纪后半叶，物理学不同领域之间的 gap 已经太大了，很少有人能够由一个领域（真空）隧穿到另外一个领域（真空）中，当然也有一些人做到了这件事情，比如文小刚……

到了现代，情况更是明显，甚至在同一个领域内，比如凝聚态，也分出了各种各样的领域，一个人可能只是在一个领域内的专家。

那么看到这里，可能有的朋友说，哎，照你这么说，我是学生物的，想转行学物理，那岂不是没戏了。

不过就像我们刚开始说的过马路的现象，在经典看似不可能的情况下，却总会有一些人，能够通过自身的涨落，由一个不相关的领域，跳到物理学中来。

比如，有人本科是学历史的，最后成功转行到弦论中来。

所以，最后，写给所有有志于学物理的年轻人们一句话：

分子，原子，电子，曾经了解物理学中一切的"物理王"朗道，曾经留下了一句话，让全世界的人们，趋之若鹜地奔向物理中："年轻人，你渴望力量么？想要的话可以给你，去找吧，我把所有一切都放在那里了！"于是所有的人开始起航，趋之若鹜地奔向物理中来，世界迎来了"大物理时代"。

文科生看了会沉默，理科生看了会流泪！
物理所"网红井盖"官方大揭秘！

作者：袁嘉浩　董陈潇

井盖涂鸦刷屏见识过没？谁说理科生就没有艺术细胞了？不看不知道，看了可以吓你一跳。今天我们就来和大伙聊一聊这些物理主题的涂鸦背后的故事。

看看科学与艺术能碰撞出怎样神奇的火花？探索一下看似枯燥的物理知识能否用更加生动有趣的形式进行呈现？

临近公众科学日，中国科学院物理研究所的师生员工们用极具创意的物理主题井盖涂鸦，将严肃的科学原理与新颖的井盖文化巧妙结合，为平日稍显单调的基础科学园区增添了一抹别具一格的靓丽风景。

走在中科院物理所的园区内，你会发现道路中央及两旁的井盖不少已经"换上了新装"，还有志愿者正伏在井盖旁进行着创作。与普通的井盖涂鸦不同的是，这些井盖上的卡通图案，除了具有艺术美感与设计感，每一个图案还都对应着一个在人类历史上具有十分重要地位的物理学公式，这也正是本次井盖涂鸦活动的核心亮点所在。

在这里，一只青蛙站在木块上在河中自在地漂流，背后蕴含的便是大家熟知的阿基米德浮力定律；一只猫咪望向鱼缸中的小鱼，猫咪眼睛看到的鱼的位置比它实际的位置要高，这其实是斯涅尔定律，也就是光的折射定律在中间"捣鬼"；一位男士向心仪的女生告白成功，而旁边的另一位男士却心灰意冷，其中的奥义就在他们身上箭头的方向上——描述微观粒子运动规律的泡利不相容原理让这个爱情故事变得"几家欢喜几家愁"……20 多种不同的井盖图案将物理学中具有代表性的经典公式进行了通俗化和艺术化的呈现，这在国内众多的井盖涂鸦活动中尚属首次。

据物理所所长特别助理、综合处处长魏红祥介绍，为了迎接即将到来的中科院物理所九十周年所庆以及一年一度的大型公众科学日活动，物理所特别组织策划了这场园区内的井盖涂鸦活动。他们从上千个物理学核心知识点中反复斟酌，精选出了 24 个公式，并邀请专人进行艺术设计，在所内面向全体师生员工征集志愿者参与涂鸦工作。活动通知一经发出便得到了大家的积极响应，不到一周的时间，上百名志愿者就让物理所内原本简单朴素的井盖们焕然一新。

刘杰英是物理所纳米实验室的一名研究生，起初在接到活动通知时，她因为忙于科研工作而错过了报名时间，差点失去这个难得的机会，后来她通过补交报名申请才得以参与这项活动中来。利用周末的时间，她与几位小伙伴共同完成了三幅井盖涂鸦的创作，并兴奋地拍下照片，发朋友圈留念。在谈到为何如此执着地想要参加这次活动时，刘杰英称，一方面活动本身就很有趣、很有吸引力，更为重要的是，这种物理主题的井盖涂鸦不再是简单的艺术创作，而是一种饱含科学精神的寓教于乐，对科学普及与科学传播大有裨益，她很愿意为物理所所庆和公众科学日出一份力。

随着涂鸦的井盖开始遍布物理所的每一个角落，"物理所的井盖"也逐渐成为了物理所人和园区周边人士茶余饭后的热门谈资。除了朋友圈不断的刷屏和点赞，越来越多的人在物理所园区内驻足，探寻和发现这些井盖背后蕴含的科学之美和艺术之美。周边不少中小学生的家长也带着孩子慕名而来，希望通过一个个小小的井盖给他们以科学的启迪，在他们的心中播撒下科学的种子。

一名小学三年级学生的母亲说，这种方式的科普活动非常贴近生活，特别接地气，公众科学日的时候，她也会带孩子来物理所，感受更加浓厚的科学氛围。

"立足新时代，物理所的创新文化建设也要有新的落脚点和延伸点，这次的物理主题井盖涂鸦活动便是一次很有意义的尝试。"物理所党委书记文亚说，这次活动也为丰富基础科学园区的文化氛围起到了至关重要的作用。

1. 傅里叶公式

傅里叶变换公式是一种积分变换——就是通过积分将函数变成另一种函数，新的函数会在另一侧面反映原来函数的信息。它在物理学各个领域都有广泛的应用，最常见的在信号处理领域将时域的信号变成频域的信号。

傅里叶公式

2. 欧拉公式

或许 $e^{\pi i}+1=0$ 这种形式更出名，这是欧拉公式的特例。它刻画了几个数学常量 e，pi，i 之间神奇的联系。欧拉公式有明确的几何含义，复数可以一一对应到二维平面上，称这个二维平面为复平面。而欧拉方程告诉我们单位圆上的复数与其幅角的关系。欧拉公式联系了复指数和三角函数，是最基础的复数公式。

欧拉公式

3. 高斯定理

高斯定理表现了电场的性质。如果计算一个闭合曲面上的电场通量（直观理解电场通量就是通过曲面的电场线数目）之和，那么它恰好正比于闭曲面包裹的电荷数，其比例是介电常量。其实不止是电场，任何满足平方反比率的有源场都满足高斯定理。

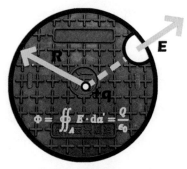

高斯定理

4. 斯涅尔定律

斯涅尔定理就是大家熟悉的折射定理。光经过不同介质界面时会发生折射，折射的大小与折射率有关。现实生活中的例子就是将筷子一端倾斜着插入水中，从水面上看筷子似乎断了一样。而荷兰物理学家斯涅尔首先定量描述了光线入射角与折射角的关系，即它们正弦的比等于两种介质的折射率比。这一定律也就以斯涅尔的名字命名为斯涅尔定律。

斯涅尔定律

5. 电弱统一模型

根据电弱统一模型，弱力和电磁力被认为是同一种力的两种表现。在对称破缺前，两者完全不可区分，对应 4 个无质量的玻色子。对称尚未破缺时，真空中布满了希格斯场，与 4 种玻色子相互作用直到"自发对称

电弱统一模型

"破缺"发生。图中的公式描述了电弱统一理论中"自发对称破缺"的希格斯机制。

6. 法拉第电磁感应定律

法拉第电磁感应定律也是大家非常熟悉的定律，磁通量的变化会诱发电场。法拉第研究磁生电的故事相信大家也在高中课本里学过。因为只有运动的磁体才能产生电场，坚信磁生电的法拉第坚持进行了近十年实验，在 1831 年 8 月发现这一现象。

法拉第电磁感应定律

7. 麦克斯韦方程组

图中所绘的就是大名鼎鼎的麦克斯韦方程组。其实当初麦克斯韦总结前人经验提出麦克斯韦方程组时，其形式远远没有现在简洁。通过后人的继续研究，人们才提出这样简洁优美的麦克斯韦方程组。它由四个微分方程组成，刻画磁场与电场的关系，理论上结合一些边界条件可以解决任何电磁学问题。图中表现的是电磁波，电磁波是横波，其电场和磁场振动方向互相垂直，都垂直于电磁波传播方向。

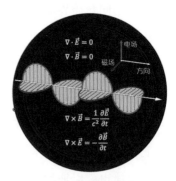

麦克斯韦方程组

8. 伯努利方程

伯努利在 1726 年提出的流体力学原理，基本内容是压力势能＋动能＋重力势能＝常量。

伯努利方程

其本质是机械能守恒。咱们生活中最常遇见的结论就是速度越快压力越小。图中就一个简单实验，一张普通 A4 纸，抓住一边，向另一边用力吹气，纸另一边就会飘起来。

9. 费米狄拉克统计

对很多个费米子组成的体系，其需要和经典统计不同的统计方法，这就是 1926 年提出的费米狄拉克统计。由于电子是典型的费米子，费米狄拉克统计在固体物理里面是非常重要和基本的。图中公式就用于固体物理中计算自由电子气的费米能。

费米狄拉克统计

10. 泡利不相容原理

在费米子组成的体系中，不存在所有量子数都相同的费米子。费米子指自旋为半整数的粒子，比如自旋 1/2 的电子。典型运用泡利不相容原理的体系就是我们的多电子原子，它的电子排布遵循泡利不相容原理，在一个多电子原子里，你永远找不到轨道自旋都相同的电子。

泡利不相容原理

11. 劳厄方程

德国科学家劳厄 1912 年提出的著名的劳厄方程，刻画了光被晶格衍射的情况。得益于这个方程，X 射线衍射成为测量晶体结构的重要手段之一。

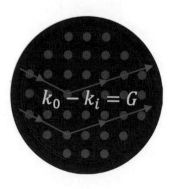

劳厄方程

12. 狄拉克方程

薛定谔方程刻画了经典情况下的量子力学，那么再向公式里加入一点相对论会怎么样？答案就是 1928 年狄拉克提出的狄拉克方程。狄拉克方程具有相对论的协变性，换言之，其在洛伦兹变换下不变，它能很好地刻画高速自由电子的行为。

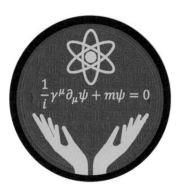

狄拉克方程

13. 德布罗意波

1924 年德布罗意在他的博士论文中提出，任何物质都具有波动性。其波长由上图中的公式计算。后来他的预言被电子衍射实验所证实，他也因此获得了 1929 年诺贝尔物理学奖。

德布罗意波

14. 薛定谔的猫

1926 年奥地利物理学家薛定谔给出了著名的薛定谔方程，它是量子力学最基本的方程之一，同时还有著名的薛定谔的猫思想实验。如果把猫关在箱子里，里面有一个随时可能衰变的粒子控制的毒气装置，粒子衰变的时候会触发毒气装置杀死猫。由于没观测粒子之前，粒子处于叠加态上，那么猫是不是也处于又死又活的状态上？

薛定谔的猫

15. 不确定关系

不确定关系是量子力学里非常有名的关系，1927 年由海森堡提出，即一组互相不对易的力学量无法同时准确得到。对于粒子动量和位置而言，就是指无法同时测量得到粒子的位置和粒子的动量。注意不确定关系是系统的内秉性质，与观察者无关，所以称之为测不准原理是不正确的。

不确定关系

16. 郎之万方程

郎之万方程刻画的是粒子布朗运动的一般情景。该方程由居里夫妇的得意门生郎之万于 1908 年提出，布朗运动是指小物体（比如花粉）在流体中不停顿的无规则运动。

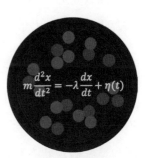

郎之万方程

17. 洛伦兹公式

荷兰物理学家洛伦兹在 1895 年提出磁场对运动电荷有力的作用，后来被实验证实。为了纪念他，将运动电荷在磁场中受到的力称为洛伦兹力。这个公式高考要考，大家要记住哦！

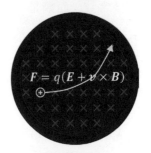

洛伦兹公式

18. 玻尔半径

玻尔在解决氢原子光谱问题的时候构建了一种非常粗略的量子化原子模型，其中基态的氢原子的电子距离原子核的半径为著名的玻尔半径，大约 0.053nm。

玻尔半径

19. 热机效率

热机是指利用内能做功的装置，如我们的蒸汽机、燃气轮机、内燃机都是热机。早在 1824 年，法国人萨迪·卡诺就抽象地提出卡诺循环，卡诺循环工作在两个热源下，将高温热源的热量带到低温热源，过程中将部分热量变成功。其理想效率等于 1 减去两个热源热力学温度的比。

热机效率

20. 玻尔兹曼公式

玻尔兹曼公式是在 1877 年由奥地利物理学家玻尔兹曼提出，它刻画了一个描绘混乱程度的物理量熵与系统微观状态数的对数成正比，其比例为玻尔兹曼常数。而熵是系统重要的状态量之一。这个公式也被刻在了玻尔兹曼的墓碑之上。

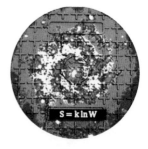

玻尔兹曼公式

21. 光子能量

爱因斯坦在 1905 年提出光量子的概念，认为光的能量是一份一份的，成功解释了光电效应。他也因此获得了 1921 年诺贝尔物理学奖。

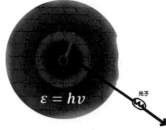

光子能量

22. 浮力公式

浮力定律是初中就学过的经典定律，物体在水中受到的浮力等于其排开水的重力。相传是阿基米德在洗澡时候发现的。

浮力公式

23. 万有引力定律

传说中，牛顿被苹果砸中后得到万有引力定律。实际上，这是牛顿花费近 20 年研究开普勒行星运动三定律后得出的结果。1687 年，他首次在《自然哲学的数学原理》发表。

万有引力定律

24. 质能关系

同样是 1905，同样是爱因斯坦，又一个伟大的公式。这或许是他最被人津津乐道的看上去最简单的公式——质能方程。物质的能量等于其质量乘以光速的平方，举个例子，1 克物质内含的能量释放出来相当于 2 万吨 TNT 爆炸释放的能量。

质能关系

2.3
这是不用公式就能看懂的数学和物理，看过了的都说好

作者：王　恩

不知道大家有没有过这样的经历：

怎么解决一个物理问题：

1. 写下所有已知的条件和方程

2. 对物体进行受力分析

3. 算！

4. 发现自己算出了一个错误的结果

5. 在重新检查了一遍计算过程之后……终于，得到了另一个错误答案

6. 又一次检查了一遍计算过程，终于……得到了第三个错误答案

7. 开始信仰玄学（或许我把所有结果平均一下再取一个平方根就 ok 了）

8. 开始在网上到处找勘误表（××作者肯定把这个结果算错了！）

9. 一无所获！（或许其实大家每个人每个地方都是错的，包括我）

10. 终于发现自己哪里算错了！（2-3=5）

11. 得到了第四个错误答案

......

12. 在检查出了第 17 个错误以后

13. 终于，算对了！

14. 开始感觉自己是个天才（今天我只在一个数学问题上花了 4 个小时呢）

15. 忽然意识到这个问题有 6 个小问

16. 开始佛系人生（我想开了）

　　每每提到数学物理，面对大量的计算和复杂的公式，人们的脑子里往往是一团乱麻。虽然不管是我们的数学老师还是物理老师都一直教导我们，在思考问题的时候不要陷入计算的细节。但是有句话是这么说的——计算不是万能的，没有计算是万万不能的。给你一个多么精巧的几何问题，在笛卡尔发明了解析几何之后，无论如何你都有最后一手暴力计算的退路。如果一个方程组解决不了问题，那就再来一个更复杂的方程组。

　　但在平时遇到的问题当中，我们有时候也很需要借助图片的力量来更好地解决问题。所谓能用图说明的问题，就不要用公式和数据。因为在公式算多了以后，你往往会迷茫，我是谁？我在哪？我要算啥？迷失在一个又一个的数学技巧里面。现在大家都说无图无真相，今天我们就来介绍介绍那些巧妙地用一张图就写完的证明，在数学和物理中还有哪些好玩有趣的图？

☀ 不等式

　　在初学不等式的时候，往往会遇到几个奇奇怪怪的平均数。什么算术平均数

$$\frac{x_1+x_2+\cdots+x_n}{n}$$

还有几何平均数

$$\sqrt[n]{x_1 \cdot x_2 \cdots x_n}$$

那时候既搞不懂两个都是数，为什么一个叫算术一个叫几何，也分不清楚哪个比哪个大，每次到了要用的时候还要现算一下。

直到后来看了这个……

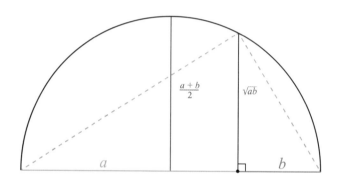

上图中的半圆直径长度为 a+b，所以半径的长度为（a+b）/2，也就是 a 和 b 这两个数的算术平均值。利用射影定理，只要沿着 a 线段与 b 线段的交点做一条垂线，我们就能得到几何平均。

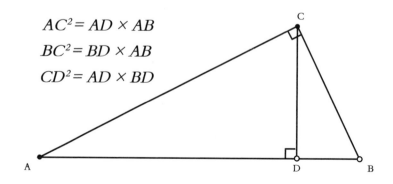

$$AC^2 = AD \times AB$$
$$BC^2 = BD \times AB$$
$$CD^2 = AD \times BD$$

射影定理也被称为欧几里得定理，或者第一余弦定理。其内容为在直角三角形中，斜边上的高是两条直角边在斜边射影的比例中项。事实上，这个操作也是我们在尺规作图时，对一个数进行开方运算的方法。

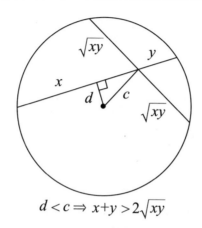

$$d < c \Rightarrow x+y > 2\sqrt{xy}$$

巧妙的证明并不止上面这一种，利用相交弦定理（弦被定点所分成的两线段的积为定值）我们可以得到另一个证明。

最后给大家来个终极必杀技，还囊括了平方平均和调和平均的"一图流"。

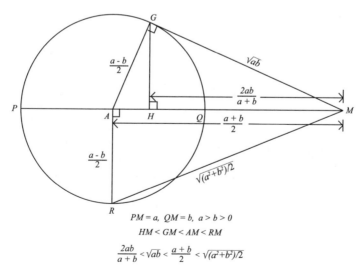

$$PM = a, \ QM = b, \ a > b > 0$$
$$HM < GM < AM < RM$$

$$\frac{2ab}{a+b} < \sqrt{ab} < \frac{a+b}{2} < \sqrt{(a^2+b^2)/2}$$

☀ 连续奇数求和

什么都不说了，一张图终结这个问题：

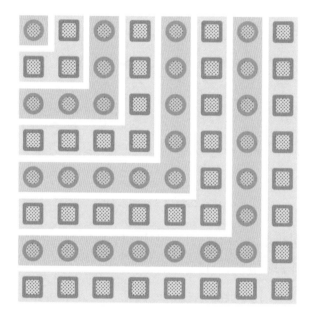

$$1+3+5+\cdots+(2n-1)=n^2$$

☀ 平方数求和

我们已经知道了，一个数的平方和可以拆解成一串奇数的和。那么，在上图第一个三角形中，每一行都对应着一个平方和。把这个三角形旋转到各个方向上再求和，我们就能够得到一个每个格点上均为 $2n+1$ 的三角形。而 $2n+1$ 的个数是很好数的，正好为 $1+2+\cdots+n=n(n+1)/2$。再考虑到我们把平方和计算了 3 遍，我们最终就能够得到平方和的求和公式。

$$
\begin{array}{c}
1\\
1\ 3\\
1\ 3\ 5\\
\vdots\\
1\ 3\ 5\ \cdots\ 2n\text{-}3\\
1\ 3\ 5\ \cdots\ 2n\text{-}3\ 2n\text{-}1
\end{array}
\quad + \quad
\begin{array}{c}
1\\
3\ 1\\
5\ 3\ 1\\
\vdots\\
2n\text{-}3\ \cdots\ 5\ 3\ 1\\
2n\text{-}1\ 2n\text{-}3\ \cdots\ 5\ 3\ 1
\end{array}
\quad + \quad
\begin{array}{c}
2n\text{-}1\\
2n\text{-}3\ 2n\text{-}3\\
2n\text{-}5\ 2n\text{-}5\ 2n\text{-}5\\
\vdots\\
3\ 3\ \cdots\ 3\ 3\\
1\ 1\ \cdots\ 1\ 1\ 1
\end{array}
$$

$$
= \quad
\begin{array}{c}
2n\text{+}1\\
2n\text{+}1\ \ 2n\text{+}1\\
2n\text{+}1\ \cdots\ 2n\text{+}1\\
\vdots\\
2n\text{+}1\ 2n\text{+}1\ \cdots\ 2n\text{+}1\\
2n\text{+}1\ 2n\text{+}1\ \cdots\ 2n\text{+}1
\end{array}
$$

$$
k^2 = 1 + 3 + \cdots + (2k-1) \Rightarrow \sum_{k=1}^{n} k^2 = \frac{n(n+1)(2n+1)}{6}
$$

☀ 立方数求和

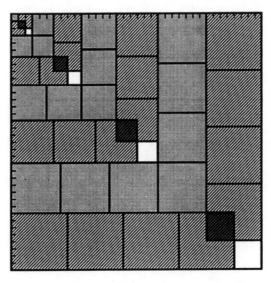

$$
1^3 + 2^3 + 3^3 + \cdots + n^3 = (1 + 2 + 3 + \cdots + n)^2
$$

图中均为正方形。上图中正方形的边长恰好和该正方形的个数相等。边长为偶数时，正方形会出现重叠，但是重叠部分正好和空白部分面积相等，也就得到了最上面的立方和公式。

☀ 斐波那契数列

相信大家对斐波那契数列都不陌生了。1，1，2，3，5，8，13……任意一项为其前两项之和。关于斐波那契数列每一项的平方之和也有一条神奇的关系。

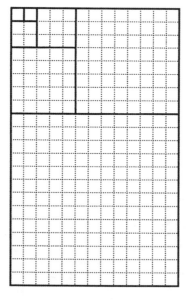

$$F_1 = F_2 = 1; F_{n+2} = F_{n+1} + F_n \Rightarrow F_1^2 + F_2^2 + \cdots + F_n^2 = F_n F_{n+1}$$

☀ 勾股定理

原本位于大正方形两个角落的小正方形的面积分别为 a 的平方和 b 的平方。通过平移三角形，我们发现空白部分的面积正好为 c 的平方，也就是勾股定理。

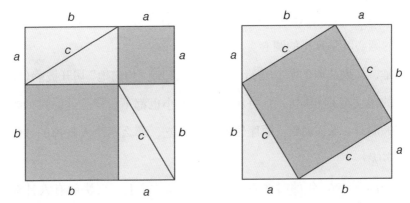

一种常见的利用面积关系证明勾股定理（左右两个正方形大小相同，除开 4 个直角三角形，剩下的绿色部分面积大小相同，这正对应着勾股定理）

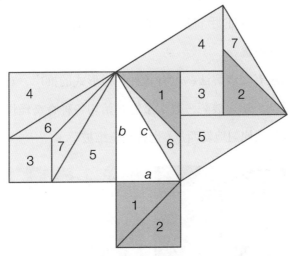

另一种利用图形剪切拼接直接证明勾股定理的思路

☀ 披萨问题

作为一个标准的吃货，看到居然有用吃的东西来命名的问题，自然会问：这东西能吃吗？怎么吃？好吃么？披萨问题确实是一个关于怎么吃的问题。两个人买了一张披萨，现在想要均匀地分配。分披萨饼时常见的做法是过圆心切若干刀，将披萨尽可能均匀地分成若干份。然而很多时候并不能保证选取的圆心就是真正的圆心。

但是，如果选取的圆心是错误的，那么即使"均匀地"切开披萨（每切一刀转过的角度都是相同的），每块披萨的大小也都不一样。这时候如果两个人按照顺时针（或逆时针）顺序轮流拿披萨吃，那么两个人吃掉的披萨是否还一样多呢？

这个问题1967年的时候发表在《数学杂志》上，很快就有人针对切偶数刀的情形进行了计算，发现在这种情况下，两个人分到的披萨面积是相同的。下面我们来单独看一下关于切4刀时的巧妙证明。作者通过割补法就完成了对这个问题的巧妙证明。感兴趣的读者可以试着用剪刀和纸在现实中分一分、剪一剪、看一看。

针对这个问题有很多解法，也有各种各样形式的推广，对于奇数刀时的情形已经十分复杂。切完披萨，数学家们开始切各种奇奇怪怪的东西了……更有人开始思考怎么均匀地切西瓜（也就是三维披萨）。

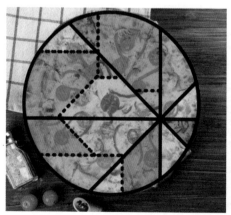

☀ 力

要说力学里面，最形象最生动的图，应该就是受力分析图了。先是从初中高中就接触的斜面上永远滑不完的小滑块，再到机械上的复杂的铰链和杆上的受力。只要你还在和物理打交道，很难避免受力分析这件事情。

在英文中，受力分析图往往被称为 Free body diagram，直译过来就是自由体图，或者被称为隔离体图。"隔离体"这个名词有时候会让第一次接触英文力学教材的人有点迷茫。但是仔细一想，我们的受力分析不就是把系统中每个部分隔离出来单独分析的吗？在看到这个物体上的所有受力之后，我们就能计算合外力和合外力矩，进而通过牛顿第二定律得到他们运动的信息。

其实说到力学，里面还有一个非常形象的概念——摩擦角。不知道大家有没有思考过沙堆为啥是圆锥形的而不是其他形状的？ 这里面其实就隐藏着摩擦角。

沙子表现出近乎完美的圆锥形

流动的沙子，只考虑摩擦因素，只有沙堆斜面倾角较小的时候，表面的沙子才能够平衡。

我们不妨假设物体只受到三个力的作用，支持力、摩擦力，其他所有力的合外力。合外力如果和地面近乎垂直的时候，可以想象，你相当于把这个物体压在地上，它当然动不了。但是如果把合外力方向慢慢往转向和地面平行的方向，这时候更多地就像在推着物体了，物体当然不再保持平衡。斜面上的沙子同样也是这个道理。

＊在受力分析的时候我们往往需要用到牛顿留下来的三大定律，本人怀着好奇和仰慕的心情翻阅了一下经典的《自然哲学的数学原理》，然而并没有在其中找到受力分析图……

☀ 费曼图

既然说到了"力"，从现代量子场论的视角看来，物体之间的相互作用力，都是通过不断地交换虚粒子来实现的。虽然看上去很形象直观，然而具体计算的过程十分复杂，因此费曼发展了一套形象化的方法来解决。在费曼图中，横轴和纵轴一般分别代表时间和空间两个维度，粒子用线表示，不同的类型的粒子用不同的线进行区分，费米子一般用实线，光子用波浪线，玻色子用虚线，胶子用圈线。一线与另一线的连接点称为顶点。

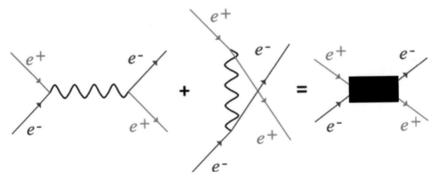

费曼图的中代表两个粒子散射的一阶近似的费曼图，与具体数学形式之间的对应关系

费曼图中的时间轴，一般来说向右为正，左边代表初态，右边代表末态。与时间轴方向相同的箭头代表正费米子，与时间轴方向相反的箭头表示反费米子。在《生活大爆炸》中有一个镜头，谢尔顿他们在进行答题比赛，在图中给出了 e-μ- 散射的费曼图。当然在现实中，除了画出来的这种的电子和 μ 子散射的方式以外，中间还会有很多复杂的相互作用。

费曼图并不能帮我们直接就看出这里面的结果，在这个图的背后之后依旧需要十分复杂的计算。

虽然费曼图简化了人们在量子场论中的计算，但是并不是每个人都对这个很感冒，比如盖尔曼。盖尔曼因为对基本粒子的分类和其相互作用的发现从而获得 1969 年的诺贝尔物理学奖，他就一直把费曼图称为斯蒂克尔堡图（Stückelberg diagrams）。盖尔曼和费曼这俩人还经常攀比谁是加州理工学院最聪明的人。

☀ 墨西哥帽

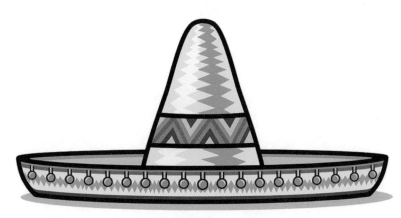

墨西哥常见的阔边帽

关于对称性自发破缺，大家可能或多或少都听说过一些。其实在现实生活中，就有一个很生动形象的例子——墨西哥帽。我们假设在帽子的顶部有一颗小球。从图形的对称性我们可以看到，现在的小球位置是旋转对称的，绕着帽子的对称轴旋转，小球并不发生变化。但是，在这个位置上，小球也恰好处于局部势能的极大值，一旦受到扰动，小球就会滑落到帽子的谷底位置，从而不再具有旋转对称性（虽然小球所有可能的位置具有对称性）。所以我们说体系的对称性降低了，发生了"对称性自发破缺"。

在物理中，大多数物质的相变都可以用它来解释。比如磁铁在高温的时候并没有磁性，但是在将温度降低到一定程度以后，便会出现磁性。磁南极和磁北极实际上在空间给出了一个特定的方向，破坏了原本的各向同性。更前沿的诸如超导体的 BCS 理论，超流现象等都可以通过对称性破缺来解释。

从某种意义上来讲，这个墨西哥帽已经成为了一个符号，它甚至还被用来作为国外一个著名问答网站 Stack Exchange 物理分类下的 logo。

说到这里，既有一张图就写完的证明，又有借助图片就能很好地解决的问题……所以，是谁说数学物理不能既好玩又有趣还美观的？在你为复杂到令人头秃的计算和公式抓耳挠腮时，不妨用这些调剂一下吧！

有了它，太阳能真的可以触手可及！

作者：陈晓冰

☀ 当钙钛矿遇到太阳能电池

1839年，俄罗斯矿物学家L.A. Perovski研究存在于乌拉尔山的变质岩中的钛酸钙（$CaTiO_3$）时，首次提出钙钛矿（Perovskite）这一晶体结构（通式为ABX_3，见右图）。没错，钙钛矿也正是以L.A.Perovski的名字命名的。大名鼎鼎的高温超导铜氧化物YBCO（$YBa_2Cu_3O_7$），庞磁电阻材料LSMO（$La_{1-x}Sr_xMn_nO_3$）都是钙钛矿家族中的一员。

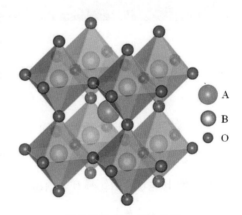

钙钛矿晶体结构示意图

太阳能作为人类取之不尽用之不竭的可再生清洁能源，光电转化一直是热门的研究领域。而把太阳能转换为电能的能量转换器就是太阳能电池。太阳能电池的发展经历了第一代太阳能电池——单晶硅太阳能电池（高纯硅成本高、耗能高），第二代太阳能电池——以非晶硅、铜铟镓硒薄膜、碲化镉等薄膜为代表的薄膜太阳能电池（虽然降低了成本，但是效率低，稳定性不够好）。

太阳能电池板

一直到最近几年，钙钛矿太阳能电池（第三代太阳能电池）异军突起，仅仅四年就从日本桐荫横滨大学的 Tsutomu Miyasaka 组于 2009 年首次提出钙钛矿染料敏化太阳能电池时的 3.8% 达到了 15.4% 的转换效率，而 2018 年 6 月更是报道达到了 25.2% 的能量转换效率。以高效薄膜技术为主导的第三代太阳能电池（包括钙钛矿太阳能电池）以其较低的成本以及较高的光电转换效率，逐渐在光电转化方面大放异彩。

☀ 钙钛矿太阳能电池发光原理

钙钛矿太阳电池通常是由 FTO 透明导电玻璃、TiO_2 致密层、钙钛矿吸收层、空穴传输层（HTL）、金属背电极五部分组成。钙钛矿化合物在光照下吸收光子，价带电子受激跃迁到导带，接着将导带电子注入 TiO_2 的导带，再传输到 FTO，同时，空穴传输至有机空穴传输层，从而电子－空穴对（也叫"激子"）发生分离，当接通外电路时，电子与空穴的移动（分别流向电池的阴极和阳极）将会产生电流。

钙钛矿太阳电池中致密 TiO_2 作为阻挡层。在 FTO 与 TiO_2 之间形成了肖特基势垒，有效地阻止了电子由 FTO 向 HTL 及空穴由 HTL 向 FTO 的回流。

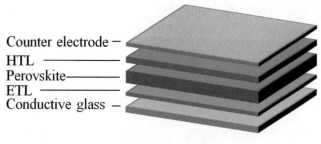

钙钛矿电池结构示意图

钙钛矿作为吸收层，在电池中起着至关重要的作用。以钙钛矿 $CH_3NH_3PbI_3$ 为例，钙钛矿薄膜作为直接带隙半导体，几百纳米厚薄膜就可以充分吸收 800nm 以内的太阳光，对蓝光和绿光的吸收明显要强于硅电池。且钙钛矿晶体具有近乎完美的结晶度，极大地减小了载流子复合，增加了载流子扩散长度，这些特性使得钙钛矿太阳电池表现出优异的性能。

此外，钙钛矿作为三元组分的材料，A 位离子用于晶格内的电荷补偿，而且改变离子的大小可影响材料的光学性质和禁带宽度；B 位离子可影响半导体的禁带宽度，通过 B 位离子大小的调节可以实现拓宽材料吸收光谱的作用；而 X 位离子半径的增加也可以使吸收光谱向长波段移动等。因此，钙钛矿体系拥有很大的可调控的空间。

☀ 钙钛矿太阳能电池的劣势

然而，没有材料是完美的。钙钛矿太阳能电池亦是如此，就以目前性能较好的钙钛矿 $CH_3NH_3PbI_3$ 材料为例，首先，Pb 作为可溶性重金属，易对环境造成污染；其次，钙钛矿太阳能电池暴露在空气中，会和空气中的水/氧气发生反应，从而导致光电转换效率大幅下降，同时也就意味着寿命短。此外，实验室制备钙钛矿太阳能电池一般都是小面积制备（约 $0.3cm^2$），面积放大会导致转换效率急剧下降，同时制备方法（旋涂法）也不适合大面积商业化生产。

☀ 新一代钙钛矿材料的尝试

面对这些问题，科学家们将目光投向无铅钙钛矿材料甚至是双钙钛矿材料，通过将 $CH_3NH_3PbI_3$ 的 B 位原子利用 Sn 代替来获得绿色、高效而成本低廉的太阳能电池，尽管目前固态锡太阳能电池光电转换效率仅约 6%，但是相信通过离子的掺杂，材料结构的调节，在不远的将来可能会发展出更具潜力的钙钛矿材料。当然，利用其他元素代替 B 位达到绿色环保的尝试还有很多。

此外，低维钙钛矿材料（即在 A 位插入有机胺离子）也是钙钛矿型光伏材料体系中的一颗新星，其表现出对水、热以及光照等极好的稳定性，有望解决传统三维钙钛矿太阳能电池被人们所诟病的稳定性问题（寿命短），但是有机胺的引入或多或少都会影响薄膜的电学性质，因此在未来的低维钙钛矿光伏器件的研究中，也依然有许多问题需要去解决。

五分钟口红学习速成：钢铁直男带你快速入门口红辨识

作者：科学电台 SciFM

日子是一天接着一天，从进入 12 月，各种节日你就挨个儿地往后数吧。平安夜、圣诞节、元旦、春节、情人节、女生节、妇女节……大批量的节日已到达战场！请各位准备迎战啦！拜托在给女孩子送礼物的时候不要一厢情愿了，什么会唱歌的水晶纪念碑啊，会闪七色光的卡通床头灯啊，诸如此类，就别再送了……卖家说的那些话都是骗人的！！！

现在我就来讲讲送给女孩子最最百搭、百送不厌的礼物——口红！小小提示一下，口红也同样适用于送给母亲哦～谁还不是个小公主咋的……

提到口红，直男们脑海中常常浮现出一张吃了小孩般的血盆大口，对于钢铁直男而言，只要涂了颜色艳丽的口红就是化了妆，裸妆就是皮肤好好的清纯素颜，这种误解会大大伤害到口红控的小仙女们哦～下面，我们就来了解一下关于口红的知识，五分钟口红学习速成班，你值得拥有！

☀ 口红发展史

口红的历史可谓是非常悠久了，在中国，最早使用口红的文物证据是新石器时代（公元前 4700—前 2900 年）的红山女神像，先民们在女神嘴唇上涂上朱砂。

而在国外，西方学界认为人类历史上的第一支口红诞生于公元前 3000 多年的苏美尔文明，目前发现的最早的口红位于一个叫乌尔的古城邦（现位于伊拉克境内），用铅粉和红色矿石做的口红作为陪葬品出现在富有阶层的墓里。

说到最热爱口红的古老民族，那肯定非古埃及人莫属，古埃及人极爱化妆。口红发展史起起落落，而在公元 500 年左右欧洲中世纪，是口红最黑暗的时代。那时候的教会认为口红能大大地增加女性的性魅力，是邪恶的性的标识。到了中期，宗教批判变本加厉，指出"一个化妆的女人是撒旦的化身"，通过化妆人为地改变容貌，是亵渎了上帝的荣光。

1870 年，第一支以制蜡工艺为灵感的膏状口红来自娇兰，它还有一个好听的名字 Don't Forget Me（勿忘我）。这一款口红的膏体是直接暴露在空气中，而非像现在的旋转膏体的设计。

1915 年，Maurice Levy 发明金属管口红，女士们用指甲轻轻滑动管身上的小杠杆，就可以让膏体弹出。

20 世纪 20 年代，在美国由于电影的流行，也带动了口红的流行，其后各类口红颜色的流行通常会受到影视明星的影响，进而带动风潮。

20 世纪 40 年代，美国女性受到战争的影响，会以化妆来保持好脸色，当时最大的口红厂商之一 Tangee，曾推出一个名为"战争、女人和口红"的广告。

20 世纪 50 年代，战争结束，女星们带动使得唇形显得饱满、魅惑风潮的流行。

20 世纪 60 年代，由于流行白色与银色等浅色的口红妆，鱼鳞被用来制造出闪动的效果。

20世纪70年代，迪斯科流行，紫色是当时流行的口红颜色，而庞克族喜爱的口红颜色为黑色。一些新世纪奉行者（NewAger）开始将自然植物的成分带入口红之中。接着摇滚乐手的装扮带动了男人使用口红的风潮。特别是20世纪80年代的乔治男孩乐团。

20世纪90年代，口红开始出现咖啡色，在某些摇滚乐团中也出现了使用黑、蓝色的唇色。

20世纪90年代末期，维他命、药草、香料等材料被大量添加于口红之中。

如今的唇膏多种多样，还衍生出了唇蜜、唇釉、有色润唇膏等产品。颜色、质地、外观和气味等方面也不断推陈出新，让口红爱好者"剁手"剁到宇宙尽头。

《楚辞》说："粉白黛黑，施芳泽只。"尽管口红的历史起起落落，每个时代主打的颜色也反复变化，但它始终是女孩儿们心头挚爱的宝贝。不论是烈焰红唇还是樱桃小嘴，她都是你心爱的女孩子，不妨投其所好，试着理解一下口红吧！

☀ 唇部化妆品基本分类

不要害怕涂口红会有毒，或是对身体不好。虽然口红的成分曾经也有过有毒物质，但是现在正规厂家生产的口红可是不会有毒的！现代口红的主要成分是蜡、各种油、食用色素（很多色素都是食物中提取出来的纯天然的哦）、香料，有的口红中还会加入中草药，还有一些动物的提取物，这些东西都没什么害处，有的还可以滋润嘴唇，起到护理、美丽两不误的作用。在唐朝时期男性也会通过涂口红的方式来保养嘴唇呢。

接下来，努力挣扎一下，让大家勉强分清楚在你们眼中统称为口红的那

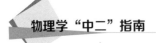
些玩意儿。

1. 唇膏

唇膏可以说是最古老和常见的口红类型了，质地为膏状固体。唇膏的优点是色彩饱和度高，颜色遮盖力强。想要打造艳丽魅惑的双唇，可先用唇线笔勾勒出唇形，再涂抹唇膏。不过，比起唇釉或唇蜜，一些唇膏的滋润度比较弱，在使用之前需要先为双唇涂上滋润的护唇膏打底，不然再过几个小时嘴唇会变得更加干燥。

2. 唇蜜

唇蜜质地为啫喱状。专业化妆师一般都用它和唇膏搭配使用，较少单独使用。它的好处就是妆效非常透亮，适合淡妆或者裸妆，打造性感饱满的唇妆。不过，为了实现清透的妆效，唇蜜的遮盖力会比唇膏弱很多。唇蜜具有流动性，而且滋润度也比较高。

3. 唇釉

近几年新上位的唇妆界"当红炸子鸡"非唇釉莫属。唇釉就是液体唇膏，质地比较稠，比唇膏更好涂抹，很有丝滑感。因为它特殊的质地，让唇釉的显色能力比大多数唇膏更好，同时上唇后会有各种不同的效果，水光、雾面、漆光等。而且唇釉的海绵头特别贴合唇部曲线，特别小巧，适合勾勒精致的唇形。

4. 唇颊两用膏 / 液

唇颊两用，顾名思义，就是又可以作为腮红，又可以当作唇膏。它是一款同时要兼顾唇膏的滋润和腮红的轻薄的产品。因此，唇颊两用的单品质地一般较为水润、色泽自然，但如果方法不正确，则容易造成结块，颜色不均匀，易脱妆等问题。目前市面上出现的唇颊两用产品有三种质地：膏状（包括唇颊笔、唇颊膏）、慕斯状、水状。

5. 唇膏笔

唇膏笔可以视为唇膏的衍生品，即笔状的唇膏。比起普通唇膏，唇膏笔更方便用于勾画、修饰唇形，使唇部轮廓更完美、清晰。唇膏笔比唇膏更好上手。不过，出于工艺等原因，唇膏笔的滋润程度会相应地打点折扣，因此在使用前也需要做好唇部打底。

6. 染唇液

大多数染唇液看起来很像唇釉，但它的颜色附着力比唇釉或者唇膏强很多。即便是涂抹上去然后再擦掉，嘴唇上还是会留有淡淡的口红颜色，达到"染唇"的效果，且不易掉色！不过，正因为染唇液不易掉色，它同时也很难卸干净，一定要使用专门的眼唇卸妆液来卸妆。除此之外，染唇液虽然是液体，但容易让嘴唇感到干燥，使用时要做好后续保湿。

7. 气垫唇彩

气垫唇彩也是一个从韩国流行起来的产品，就像气垫 BB 霜一样，气垫唇彩也是通过海绵，让唇彩能够很均匀地涂到嘴唇上面。简单来说，气垫唇彩就是加了个海绵头的唇釉。和唇膏笔类似的是，气垫唇彩比起唇膏更好掌控；同时，它的色彩非常浓郁，保留了唇釉的优点。

以下开始划重点！！！

☀ 口红色系

说完口红的历史、种类、成分后接下来要开始划重点了！揭秘口红色系的时候到啦！最怕收到奇怪的芭比粉色的口红，真的不适合大多数亚洲女孩子呀！

在钢铁直男的眼里，口红都是红色，管你什么唇膏唇釉唇蜜，这些都是口红！还有一些妹子们津津乐道的 501、407、202，这些都是什么鬼！为了保证不被妹子们鄙视，我们就来系统地讲讲口红的色系。

首先我们来看一些色卡。

好了直男们我知道你们只看出来了红色粉色橘色～

如果你告诉我还有姨妈色吃小孩色吃土色南瓜色西柚色枫叶色活力橙海棠色梅子色干玫瑰色落日红……那么恭喜你进阶了！

你以为你记住颜色就算懂了？

好多口红每个色号对应一个颜色！精致的猪猪女孩去买买买的时候可是直接说名字的呢！

那对于一个钢铁直男来讲，如何速成呢？

在将我 999 页简介删了又删之后，我很想说不可能的……但是我们也不能失去我们的钢铁粉丝。于是，我决定用一种简单粗暴的方式教会大家！那就是——看脸！

要清新可爱肯定要选择跟唇色相近的比较浅的裸色系了，打造裸妆效果。

不要再问为什么要买这么多口红的蠢问题了，反正又不让你涂，你就负责看她高兴看她美就好了啦！

总之，如果你实在学不会的话，你还是要记住有这么一句话能帮你渡过难关，那就是……告诉你的她："你涂这款真的非常漂亮！"切记不是"你涂哪款都漂亮"哦！

☀ 直男送口红攻略

针对口红怎么个送法，只有一个原则：

尽可能去找到适合女生的色系，在经济条件允许的情况下送给她最好的！心意才是最珍贵的礼物！

看了这么多，估计大家都觉得信息量太大了！到底应该送哪款口红呢？这里提个小建议，不妨编个程序，每逢过节随机到哪个就送哪个吧～反正女孩子是不会嫌口红多的！

2.6
光学 3 分钟：让熊孩子从入门到放弃

作者：科学电台 SciFM

一说到春天啊，我耳中不自觉地就浮出《动物世界》中春暖花开，万物复苏，又到了……不对，言归正传！又到了熊孩子活力四射满院子撒欢的季节！

一说起熊孩子呀，小时候我是个驱鸡赶狗、上房揭瓦，带小伙伴来砸自家玻璃的熊孩子，调皮的我没少给大人们添麻烦。在当时，我很为自己自豪。可惜那时我还太年轻，并不知道这世间的一切造次，早已在暗中标好了代价。长大后我遭到了命运的无情报复——我身边出现的熊孩子往往比其他人多数倍，我把这种情况命名为"熊孩子聚集定理"，即熊孩子总能在一堆大人里分辨出谁曾经是自己的同类，并迅速和这个同类混在一起，缠到他崩溃。而且，奇怪的是，我常常只碰到一种熊孩子——那就是号称"十万个为什么"的问题少年，这种熊孩子对什么都好奇，对什么都有疑问。经常就是"如果我对站到树后的你使用阿瓦达索命，你能活命嘛""镜子里看到的我为啥那么帅""脚伸到水里为什么会弯曲""阳光下的泡沫为什么是彩色的""为什么天空是蓝色的""怎样能把自己拍得犹如天神降临"。对于这些奇奇怪怪的问题，机智如我也常常被问得瞠目结舌，深感熊孩子的强大和可怕。

我也曾思考过，熊孩子们的这些问题有什么共性，经过一定时间的研究，我发现，他们所有的问题都可以用光学的理论加以解释，并在内部自洽。

为什么都和光相关呢？可能是熊孩子们受年龄限制，知识储备不算很高，而光恰恰是我们自出生以来见得最多的东西（"见得最多"在这里用得真是一点也不错）所以我特意编写了这个教程，可以迅速回答九成"问题"少年的奇葩问题，并使其再也不敢轻易发问。

☀ 阿瓦达索命：光沿直线传播

先回答"如果我对站到树后的你使用阿瓦达索命，你能活命嘛"。

看过《哈利·波特》的都知道，阿瓦达索命其实是一道绿光。

光究竟是什么东西呢？古代的希腊人相信"四元素说"，认为世界是由水、火、气、土四大元素组成的，而光就是人眼射出的火元素。

不得不说讲到这儿，很多熊孩子就满意了。因为这可以说明，为什么我们睁着眼可以看见，而闭上眼睛就不行；但它解释不了为什么在暗的地方，我们即使睁着眼睛也看不见东西。

这就得提到小孔成像实验了，这个实验极其好做。

用一个带有小孔的板，遮挡在墙体与物之间，墙体上就会形成物的倒影，我们把这样的现象叫小孔成像。前后移动中间的板，墙体上像的大小也会随之发生变化，这种现象说明了光沿直线传播的性质。

基于此，阿瓦达索命这束绿光，顶多是能量大些的激光。虽然能量大，但是也必须满足光的基本性质。所以它必须先直射到树上，击穿树后才能伤害到树后的我。

☀ 镜子里的我：光的反射

在回答"镜子里看到的我为啥那么帅"这个问题前，首先我们需要了解以下事实，实际我们认识到自己的样貌，只能通过两个途径：成像设备（照相机）或者镜面（镜子、水面）。

你感觉自己变帅变美，主要是由于这两种途径得到的结果不一样，镜面给你的感觉似乎更好，或者也可以说你觉得自己有些不上相。

这两种途径都有一个基本的条件，就是光的反射。

当光照到一个物体上，一般会出现两种反射情况："镜面反射"和"漫反射"。日落后暂时还能看见物体，就是因为空气中的尘埃引起了光的漫反射。

实际物体反射光通常是镜面反射和漫反射的结合，各部分的光强其实是不同的，我们要注意的是，这里会出现一个灰区。

在人脸上的体现就是：当光照在你的脸上，如果脸型有棱有角，棱角处由于反射不好而出现灰区。当拍出照片时，这种灰区会被大脑选择性忽视，就可能导致你的照片，看起来脸比较小、比较有型。但这对肉脸的同学来说就比较悲剧了，因为你的脸反射贼好，照出来没有灰区，看着就是个大脸盘子……

就是说，人眼看物体有纵深、有立体感，整体显瘦。而机器只会忠实的记录，会显胖。

☀ 弯曲的脚：光的折射

"脚伸到水里为什么会弯曲"呢，这得说到一个著名的"不务正业"人员——费马先生。这位同志是个法国富二代，贼有钱的那种。那会儿法国最讲究的职业就是律师，费老爹一合计，就给儿子买了个律师资格，所以费马还在读书的时候就已经是费马律师了。

照说他之后的人生，就该和他身边别的富二代一样，努力花钱就行啦。但是这个费马他有点"玩物丧志"，而且他玩的这个东西不一般。别人玩赛马和舞会，费律师却喜欢玩数学和物理。

他看到前人对光的性质做了很多工作，仅描述光走直线和光会折射这两条定理的书和文献，就汗牛充栋，数不胜数，看得人脑壳疼。

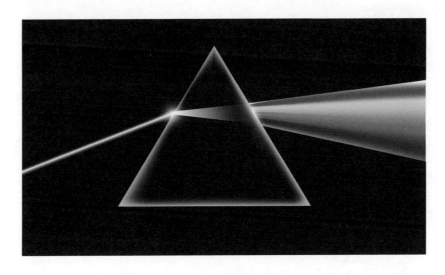

光的折射

他就想，折射不就是抄近路么，光走着走着发现一条近路，它又不傻，肯定走近路嘛。

就这样，别人写了几十万字的两个性质，最后竟被他用简单的一句话概括了："光总是走最短的路线。"

孩子们啊，你们可要好好感谢费马，他为减少你们以后的背诵任务可下了不少功夫。

☀ 再说阿瓦达索命：光的衍射

回到阿瓦达索命那个问题，不讲道理的熊孩子一定要让躲在树后瑟瑟发抖的我死于那道绿光可怎么办啊？这当然也是可以的，衍射嘛。

之前说光是沿直线传播的，但它也不是二愣子，有时候也挺鸡贼，它碰到障碍物会绕行，这种性质就叫衍射。最常见的例子就是，阳光下的电线杆是没有影子的。

怎么理解衍射呢？意大利的数学教授格里马第就做了一个实验，他让一束光穿过两个小孔后照到暗室里的屏幕上，发现在投影的边缘有一种明暗条纹的图像。格里马第马上联想起了水波的衍射（这个大家在中学物理的插图上应该都见过）。

于是他提出：光可能是一种类似水波的波动，这就是最早的光波动说。划重点，光是一种波动的理论出现了哦。

☀ 阳光下的泡沫：光的干涉

大家可能都听过邓紫棋的《泡沫》，别出心裁的熊孩子就会问，"阳光下的泡沫为什么是彩色的"，这其实是一种光的薄膜干涉现象。

我们都知道，普通的物质是具有累加性的，1+1肯定等于2；一滴水加上一滴水一定是两滴水，而不会一起消失。但是之前说了，光是波动啊，那就不同了。

一列普通的波，它有着波的高峰和波的谷底，如果两列波相

薄膜干涉

遇，当它们正好都处在高峰时，那么叠加起来的这个波就会达到两倍的峰值，如果都处在低谷时，叠加的结果就会是两倍深的谷底。

但是，等等，如果正好一列波在它的高峰，另外一列波在它的谷底呢？答案是它们会互相抵消。如果两列波在这样的情况下相遇（物理上叫作"反相"），那么在它们重叠的地方，将会波平如镜，既没有高峰，也没有谷底。这就像一个人把你往左边拉，另一个人用相同的力气把你往右边拉，结果是你会站在原地不动。

☀ 花式拍照：光的散射

最后我们来聊聊"怎样能把自己拍的犹如天神降临"。

话说也太自恋了吧，小朋友！

这还是和光有关，介绍一种神奇的玩法，叫作"耶稣光"，用了这种玩法就能犹如天神降临。为什么呢？其实就是物理上的丁达尔效应，也有人叫云隙光。

其实这个问题和"天为什么是蓝色的""海为什么是蓝色的"一样，都是由于光的散射。

当我们玩呲水枪时，你会发现呲到别人身上的水也会溅你一身。实际上，你也可以把光理解成你呲出去的一束水，它呲到空气、液体以及胶体上，就会出现瑞利散射（天之蓝）、拉曼散射（海之蓝）和丁达尔效应（云隙光）。

实际上，写到这里大家可能也明白了，这篇文章其实是借给熊孩子"治病"的名义，讲解了光的几种最基本的性质。

事实上我们人类认识和研究光，也确实是如孩童般经历了上述几个过程，希望大家都能体会先贤传承知识的不易，把这些智慧的结晶代代相传下去。

好了～收服熊孩子，带他走上科研的不归路的方法我已经交给你了！接下来，从哪弄个孩子就是你们自己的事啦～请各位加油咯～

你有没有一个梦想，是做一个海洋科考王？

作者：科学电台 SciFM

近几年来，我国越来越重视海洋科技的发展，而科考船作为探索海洋最重要的工具，不太为常人所熟知。很多人可能会好奇，我国有哪些科考船？船上有什么设备？作业人员是怎么工作的？都干些什么呢？那么今天我们就一起走进科考船，云体验一把海上生活吧！

现在我们先去认认科考船~

☀ 关于科考船

首先，我们要了解一些关于科考船的基本知识，有一些基本参数如下：

长宽深，这个相信不用跟大家解释了。

排水量，就是船舶排开同体积水的重量，分为空载、标准、正常、满载、超载排水量等情况。单位是吨位。

载重量，包括货物、燃料、储备品、船员和乘客的船舶装载总重量，计算方法是用满载排水量减去空载排水量，单位同样也用吨位表示。

总吨位，是船舶内所有围蔽处，根据一定的规则丈量的容积总和。

净吨位，是总吨位减去不能装载旅客和货物的部分。

续航能力，是以海里为单位表示的，船舶携带额定的燃料，中途不再补给，以一定的航速连续航行所能到达的最大航程。

自持力，船舶出航以后，在海上不添加燃料、淡水、食物和其他消耗品而能维持的最多天数。

虽然关于科考船的报道并不多见，但是我国的科考船还真不少，现在给大家介绍一下我国现在主役的一些科考船。

隶属于中科院海洋所的远洋综合调查船科学号，排水量 5027.9 吨，经常出海的同学可能对这艘船很熟悉

东方红 2 号所属单位是中国海洋大学，排水量 3500 吨，在使用了 20 年之后，仍然作为海洋科考的主力军，活跃在远洋科考事业的前线

向阳红是隶属于国家海洋局的一系列科考船，建造历史悠久，
排水量都在 3000 吨左右，其中不少都进行了重建，连接同一个名字的历史和未来

创新一号属于中科院烟台海岸带研究所，排水量 590 吨，是一艘专用于渤海、
黄海调查的近海科考船（顺便说一下，由本人上过这艘船，所以之后的图片大多来
自创新一号）

嘉庚号是于 2017 年新建成的一艘远海调查船，隶属于厦门大学，
排水量 3728 吨，功能都是比较先进的

大洋号是属于中国大洋矿产资源研究开发协会的一艘远洋科考船，
排水量 5600 吨，1984 年建成之后，于 2002 年改造再投入使用

极地科考船雪龙号，隶属于中国极地研究中心，排水量21025吨，也是中国进行南北极海域科学考察的唯一的一艘功能齐全的破冰船

见识了我国的一些科考船，然后，去科考船上逛一圈~

甲板区，是主要的作业区域

甲板区的白昼版

甲板区的黑夜版

船舱在船的中部位置，船员们在这里生活　　　　　　我们迈进去……

一进门先是实验室

我们走到最里面的房间，正好是
开饭时间！好香啊~

左边是生活区域

嘘，悄悄的，驾驶员在认真开船呢！
不过视野还不错

然后我们走出来，沿着船舷上楼梯

☀ 船上设备

科考船作为海上特种用途船，自然和普通的货运船舶有所区别，最主要的还是体现在一些设备上。

在船航行的过程中，为了避免意外，现场监测设备是必须的，主要的有这几个：

1. 自动气象站

顾名思义，当然是全能的气象观测设备啦，可以观测风速、风向、气温、湿度、气压、雨量、能见度、海皮温度、光照强度，为船舶的安全航行提供有力的保障。

自动气象站

2. 船载 ADCP

ADCP 的中文全名是声学多普勒流速剖面仪，主要用于海水流速和流量的测量，其制备依据就是多普勒效应，它的换能器是固定安装在船底。

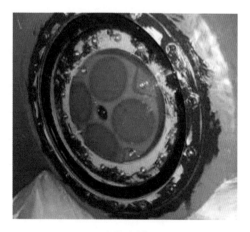

就像这样

全貌是这样

3. 多通道水样采集器 CTD

这个是科考船上最基本、最主流的仪器，绝大多数科考船上都有它，既能采水样，又可以对海水的温度、盐度、深度、溶解氧、浊度、pH、叶绿素等参数进行原位观测。

多通道水样采集器 CTD（白天）　　　多通道水样采集器 CTD（夜晚）

4. 水质分析仪

走航过程中观测表层海水的温盐、浊度、叶绿素、pH、溶解氧、藻类等参数。下图是先进的 Ferry box 水质分析技术。

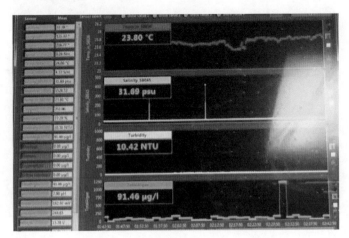

水质分析仪

5. 超短基线（USBL）

水下定位系统，可以定位水下仪器位置及水下物体的具体位置。

6. 浮游生物采样网

科考船出海就是为了采样，所以少不了各式各样的采样设备。

阿氏拖网（底栖生物采样）

箱式采泥器（沉积物采样）

重力柱采样器（沉积物采样）

振动柱采样器（沉积物采样）

7. 水下机器人（ROV）

这个并不是每艘船上都有的，下图是科学号上的ROV，叫作发现。个头挺大，但是有萌萌的"眼睛"和"瓜子"。

刚刚该看的也都看了，该熟悉的也都熟悉了。
下面可以正式云体验一把海上生活了~

☀ 船上生活

也许深受《泰坦尼克号》《加勒比海盗》等电影的影响，你可能会觉得船上生活浪漫又刺激，但是事实上，船上的生活相当枯燥，茫茫大海中几乎不见人影，不仅信号不给力，WiFi也时断时续，发一张图也要半天。工作起来是倒班制，生物钟很容易被打乱，轮到你采样的时候，不论是每隔几个小时一次，不论是半夜几点，你都要睡眼蒙眬地从床上爬起来去接你的海水和海底泥（当然船上的工人师傅就更辛苦了，他们要在你之前就要把设备准备好）。这种生活至少要持续一个月，科考船一旦开起来，一天烧油的成本就要上万，因而要尽量多地采集样品，所以船上生活才会那么繁忙。我们所里的帅哥在船上待了一个月，回来已经邋遢得不敢认了。

很大的慰藉就是（刚开始航行的一段时间）船上丰盛、可口的饭菜了，当然前提是你不晕船。

说了这么多辛酸泪，也别丧气，还是聊聊在船上生活的独家福利吧！傍晚无事，在甲板上静静地看着日落。夜间工作的时候，如果天气好，抬头可以看见比城市多几倍的繁星；还可以伴随着壮丽的日出收工，新的一天由此开始。

海上常见的海鸥

月光如水，月色真美

猜猜是日出还是日落

感谢@极简、@TGD、@咖啡咖啡、知乎@期待你的王朝，
提供照片

第三章

物理与人

少年能学会相对论吗？当然！

作者：曹则贤

少年能学会相对论吗？这话问的，当然能！你不信？好吧，为了说服你，我将采取唯一正确的姿势——用实例说话。

1918 年秋，德国南部城市慕尼黑，Ludwig–Maximilian University of Munich，就是俗称的慕尼黑大学，迎来了一位出生于 1900 年 4 月 25 日的奥地利少年。这位少年的形象，形象地诠释了卦书上所谓的"天庭饱满、地阁方圆"。少年名叫泡利（Wolfgang Ernst Pauli），生父为化

年轻的泡利

学家，中间名 Ernst 得自 his godfather Ernst Mach，也就是说少年是欧洲闻名的大哲学家、物理学家、维也纳大学教授马赫的干儿子。

维也纳大学多牛？维也纳学派（Vienna circle）里的顶级学者是论堆儿卖的，摄氏温度定义中的所谓标准大气压那是维也纳夏天的气压！马赫何许人也？其新表述的力学原理挑翻牛顿的三定律表述（不知道？读 Goldstein 的经典力学找找感觉），爱因斯坦自述其相对论思想深受马赫哲学影响而

人家都不接这个茬，其逼问玻尔兹曼的一句话"您见过原子吗（Haben Sie mal Atom gesehen）"据说是这位统计物理奠基人 1906 年抑郁以至自杀的诱因。对了，他就是高超音速武器速度为多少马赫的那个马赫。马赫教过小泡利多少物理不得而知，反正小泡利上中学时就认识了不少物理学家。当泡利 1918 年从维也纳多布林中学毕业时，就提交了题为"论引力场的能量分量"的论文，1919 年正式发表，即 W. Pauli Jr., Über die Energiekomponenten des Gravitationsfeldes, Physikalische Zeitschrift 20, 25（1919）。这篇论文足以奠定一个人顶级物理学家的地位，所以，当小泡利进入慕尼黑大学物理系师从索末菲（Arnold Sommerfeld）——一个大师的大师（学生几乎都是大师的老师），要学大学物理时，索末菲对他青睐有加。索末菲，一个物理明白人，对泡利说（大意）："你早已经是物理学家水平了，还学啥呀？但是，我们大学有规定，学生只有入学六个学期后才能申请博士学位，你不能在我这儿干坐六个学期啊！这样吧，数学科学百科全书（Encyklopädie der mathematischen Wissenschaften）让我写相对论条目，你是专家，这活儿就交给你吧。"于是乎，1920 年的泡利大约就是在忙乎这事。1921 年，泡利在第六个学期，也就是我们一般人上完大三的时候，以关于氢分子的量子力学研究获得博士学位。两个月后，这篇相对论回顾文章刊行，洋洋洒洒 237 页（Relativitaetstheorie, Encyklopädie der mathematischen Wissenschaften Vol.19, Teubner, 1921），至今依然是相对论的经典文献。欧洲的物理大拿们的反应是，难以相信这篇构思宏伟的经典是一个 21 岁的小青年写的（No one studying this mature, grandly conceived work would believe that the author is a man of twenty-one）。泡利 28 岁成了瑞士 ETH 的理论教授，预言了中微子的存在，以不相容原理获得诺奖，那是后话了。

一个例子似乎说服力不够，那我们再来说说一位英国少年。狄拉克（P.A.M. Dirac），1902年8月8日出生于英国布里斯托。1919年，爱因斯坦的相对论突然进入了英国公众的视线，英国人弗兰克·沃森·戴森（Frank Watson Dyson）和亚瑟·斯坦利·爱丁顿（Arthur Stanley Eddington）宣称通过测量日食时远处恒星光线的偏折证实了爱因斯坦的引力引起空间弯曲的预言。整个欧洲轰动了，相对论给人们带来了全

狄拉克

新的思考。那一年，17岁的狄拉克是布里斯托大学工程系二年级的学生，相对论让他跟着大伙儿一块儿激动。相对论激发了狄拉克关于时间与空间的思考。从此以后狄拉克热心于相对论的学习。1920年，他上了一个哲学教授的关于相对论的课。哲学课讲相对论，除了一切都是相对的，就没了。真正让他熟悉一些相对论内容的是爱丁顿1920年出版的畅销书《空间、时间与引力》（*Space, Time and Gravitation*）。到1921年，狄拉克就已经掌握了狭义、广义相对论及其数学之大部。1923年，狄拉克拿到奖学金进入剑桥大学的圣约翰学院，师从拉尔夫·福勒（Ralph Fowler）钻研广义相对论并进入新生的量子力学领域。仅仅是到了1926年，狄拉克就写出了相对论性量子力学方程，即狄拉克方程，一鸣惊人。相对论，量子力学，那可是近代物理的两大支柱啊，而狄拉克写出了相–对–论–性–量–子–力–学方程！狄拉克方程的解，解释了自旋的来源，还导致了反粒子的预言。狄拉克1933年获诺奖，其于1932年成为剑桥大学卢卡斯教席数学教授，卢卡斯教席，那可是牛顿坐过的位置。虽然人们熟知狄拉克是量子力学奠基人之一，但是相对论一直是他的研究领域。在20世纪50年代，狄拉克运用哈密顿方法把广义

相对论改造成哈密顿形式，开启引力的量子化。他写的广义相对论（general theory of relativity）和量子力学原理（The principles of quantum mechanics），被杨振宁先生形容为"秋水文章不染尘"！

这两位物理学巨擘，泡利和狄拉克，不仅在少年时就学会了相对论，而且还会运用相对论。他们都是量子力学的奠基人，相对论的功底以及对相对论的贡献也可圈可点。他们之所以能到达如此的高度，重要的一点是在岁数更小的少年时期真正地学会了真正的数学。所谓的"完全掌握了数学物理的工具"（the full command of the tools of mathematical physics），才是不二法门。注意，我说的数学是真正的数学，不是你家少年在教科书或辅导书中学到的那种数学。

回到我们的问题，少年能学会相对论吗？ 当然能，而且是必须的！

百年前别人家的少年都能对相对论做出贡献了，而我，一个少年时从未听说过相对论现在对相对论也不甚了了的人，今天却要费口舌去讨论少年能不能学会相对论，除了无奈以外，我是不是还可以觉得有点丢人？

3.2
你知道爱因斯坦人生中发表的第一篇论文是什么吗?

作者: 王 恩

你知道爱因斯坦在他人生中发表的第一篇论文是关于什么的吗? 虽然爱因斯坦因为他对相对论和量子力学这样高深理论的贡献而闻名于世, 但他人生中发表的第一篇论文其实是一个日常生活中无处不在的物理现象。海绵和毛巾为什么可以吸水? 土壤中为什么可以锁住大量的水? 靠它甚至还可以用来检验和分离各种物质?

爱因斯坦人生中的第一篇论文, 就是关于毛细现象的研究。

☀ 毛细现象

历史上第一个明确地观察和记录到了毛细作用的是莱昂纳多·达·芬奇, 对, 就是那个画了蒙娜丽莎的达·芬奇。毛细现象在当时可以称得上是一个有点新鲜的事物, 只需要把毛细管浸入水中, 那么水就会在管道中上升一定高度, 高于原来的液面。

在 1660 年, 好奇的爱尔兰化学家罗伯特·博伊尔做了一个有趣的实验,他把毛细管浸入葡萄酒中，然后减小整个装置的气压，他发现真空对毛细管中的液体的高度没有任何的影响。

液体在毛细管中会上升这件事情很快就引起了当时科学家们的关注，是不是因为空气不容易进入毛细管，而液体容易得多，所以毛细管内才会更多地倾向于装满液体？或者说液体是被吸引到毛细管内的内壁上，内壁对液体具有吸引力？

☀ 表面张力

在认识到表面张力这件事情以后，所有问题迎刃而解。

水的表面张力，使得硬币表面的液滴鼓了起来

大家通常见到的关于表面张力的解释是这样的，因为液体内分子（或者原子）拥有内聚力，处在内部的液体分子在每个方向上受力相同，导致净力

为零。但是表面上的分子则不一样，它们缺少了来自另外一个侧面的受力，因此被向内拉。这会产生一些内部压力并迫使液体表面收缩到最小区域。

这种说法很直观，也很容易让人理解，但其实表面张力的作用方向并不是垂直于液体表面的，而是和液体表面相切（虽然它们的合力是指向液体内部的）。而且在液体的内部，分子与分子之间不仅仅存在着吸引力，同时也存在着排斥力。如果忽略了这些排斥力的存在，那液体就会一直收缩，这显然说不太通。

从能量的角度来理解表面张力会更为准确一些，本来所有分子的能量都位于势能最低的地方，但是在表面出现以后，周围环境变了，位于表面的分子所处的势能变了，它们此时所处的能量并不是原来最低的能量位置，而这部分多出来的能量，正是表面能，和表面面积成正比。

用一句话解释的话就是，液体的内心 os 大概是这样的：分手的理由只有一个，我们不合适啊！和表面在一起太累了，我更想去舒服点儿能量低点儿的地方待着啊！

不过也并不是所有情况都是这样的，比如，水和玻璃接触的时候就特别开心，此时两者的接触面上不再是分子们讨厌的去处，而是它们向往的地方，因为能量低啊。

☀ 杨 - 拉普拉斯公式

在历史上，直到 1805 年，两位研究人员才开始成功地对毛细管作用进行定量测量：英国的托马斯·杨和法国的拉普拉斯，他们推导出毛细管作用的杨 - 拉普拉斯方程。表面张力会导致液面弯曲，从而产生压强差，让毛细管内的液体得以上升一定的高度。

$$\Delta p = -\gamma \nabla \cdot \hat{n}$$
$$= 2\gamma H$$
$$= \gamma \left(\frac{1}{R_1} + \frac{1}{R_2} \right)$$

这个方程是一个复杂的非线性多变量微分方程，一般情况下只能利用计算机进行求解。

简单来说，杨–拉普拉斯方程描述了液体受力和其表面形状之间的关系，压强的二阶变化量和液体表面的平均曲率成正比。

所谓曲率，其实指的是一条曲线，取其中的一小段，看它到底有多弯，有多么像圆。这个圆的半径的倒数，就被称为曲线在这个地方的曲率。对于一个曲面而言，通过某个点，可以画出无数条曲线，而这些曲线在这一点处总是存在一个最大曲率 $\frac{1}{R_2}$，一个最小曲率 $\frac{1}{R_2}$，两者的平均值就被称为平均曲率。也就是杨–拉普拉斯方程里出现的那一项。

☀ 做一道绚烂的彩虹

生活中最容易实现的毛细现象，其实就是纸巾了。纸巾的超强吸水性，一部分来自其内部纤维的空隙。另一部分则是因为其良好的亲水性。虽然空隙的存在可以吸收水分，但其实并不意味着可以吸收一切液体。比如说平常我们使用的海绵，它可以把水吸得饱饱的，但是却不能用来吸水银，硬塞进去也不行的那种。

利用纤维可以吸附水溶液的特性，化学家们用的薄层色谱法，利用毛细现象来区分不同的化学物质和成分。这些可以流动的液体（流动相）在毛细作用下缓慢地将混合物样品中的不同组分由下而上带动爬升，甚至可以形成一道绚烂的"彩虹"。

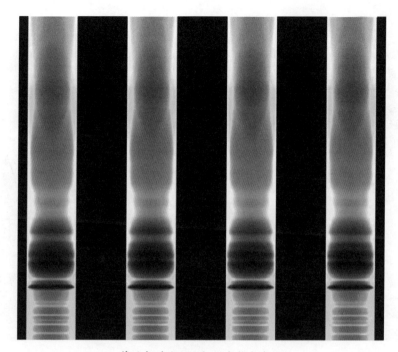

薄层色谱法可以把混合物分离开

因为液体中各组分与用来让液体爬升的材料（固定相）的作用力不同，在流动相中溶解度也不同，导致各组分的上升速度有差异而最终在板上形成上下不一的斑点，从而达到分离混合物的目的。

☀ 过呀过柱子

有机化学家做完化学实验，往往得到的是一个乱炖大杂烩——各种各样的反应物、催化剂，各种各样的化学反应中间副产物，而他们最终想要的产物只有一点点，混在这里面，这时候他们就需要通过"过柱子"来得到最终产物。柱子的标准名称为"柱色谱"，比较常用的有诸如硅胶柱等。整个过程很长，一根柱子普遍需要过数个小时甚至更长时间。

等待过柱子，是最长情的告白

虽然耗时这么长，也并不意味着你可以把柱子放在那儿不管然后自己去干别的——因为柱子必须要一直盯着才行。你需要隔一段时间通过前面提到的薄层色谱方法，看现在柱子里出来的东西到底是什么：有的时候前面一个组分和后面一个组分之间就差那么四五滴，你要是错过了，那整个实验可能就全白费了。

也难怪很多人如此地厌恶过柱子了……

科研，做实验，就是这样痛！

物理博士带你认识一个真实的霍金

作者：张佳浩

一谈到霍金，我们大众的第一印象就是身残志坚的大科学家，有着非常传奇的一生。霍金 21 岁时患上肌肉萎缩性侧索硬化症（卢伽雷氏症），全身瘫痪，不能言语，手部只有三根手指可以活动，在这样艰难的条件下仍然能够进行复杂的推导和演算，研究理论物理，这需要多么大的勇气及毅力。然而，若我们反问霍金的科研贡献是什么？非物理专业的大众应该都一脸茫然，毕竟属于比较前沿的研究。另一方面，我们提到爱因斯坦，他的科研贡献是什么，只要不是幼儿园的孩子基本都知道相对论。那下面我们就一起认识一下霍金和霍金的科研贡献。

☀ 霍金生平

斯蒂芬·威廉·霍金（Stephen William Hawking），1942 年 1 月 8 日出生于英国牛津，出生当天正好是伽利略逝世 300 年忌日。

1959 年，17 岁的霍金入读牛津大学的大学学院攻读自然科学，用了很少时间而得到一等荣誉学位，随后转读剑桥大学研究宇宙学。

1963 年，21 岁的他不幸被诊断患有肌肉萎缩性侧索硬化症即运动神经细胞病。当时，医生曾诊断身患绝症的他只能活两年，可他一直坚强地活了下来。

1965年，在他23岁时，他取得了博士学位留在剑桥大学进行研究工作。20世纪60年代后期，霍金的身体状况又开始恶化，行动走路都必须使用拐杖，不再能定期教课。这里就可以解释大家经常纳闷的事情，霍金不是瘫痪吗？怎么生孩子的？在20世纪70年代以前霍金并没有真正瘫痪。

20世纪70年代后期，霍金的言语功能逐年退步，只剩下他的家人或密友能够听得懂他的话。为了与其他人交谈，他必须依赖翻译。

1985年，拜访欧洲核子研究组织时，霍金感染了严重的肺炎，必须使用维生系统。由于病况危急，霍金必须接受气管切开术，这手术可以帮助他呼吸，但会使他从此以后再也无法发声。

2005年，他开始使用脸颊肌肉的运动来控制他的通讯设备，每分钟大约可以输出一个字。由于这种疾病很可能引起闭锁症候群，所以霍金与神经学专家研发出一套新系统，让电脑将他的脑波图样翻译为词句。

2009年，他不再能独立驾驶他的轮椅，他的呼吸愈加困难，时常需要使用人工呼吸器，还有几次严重到需要去医院诊疗。

2018年3月14日，霍金逝世，享年76岁。

曾经一位年轻的女记者面对这位在轮椅里生活了30余年的科学巨匠，深深景仰之余，又不无悲悯地问："霍金先生，卢伽雷病已将您永远固定在轮椅上，您不认为命运让您失去了太多吗？"

这个问题显然有些突兀和尖锐，报告厅内顿时鸦雀无声，一片静谧。霍金的脸庞却依然充满恬静的微笑，他用还能活动的手指，艰难地叩击键盘，于是，随着合成器发出的标准伦敦音，宽大的投影屏上缓慢然而醒目地显示出如下一段文字：

> 我的手指还能活动，
>
> 我的大脑还能思维，
>
> 我有终生追求的理想，
>
> 有我爱和爱我的亲人和朋友；
>
> 对了，我还有一颗感恩的心……

心灵的震颤之后，掌声雷动。人们纷纷涌向台前，簇拥着这位非凡的科学家，向他表示由衷的敬意。

霍金直面苦难时的坚守、乐观和勇气令人们深受感动。人生如花开花谢、潮涨潮落，有得便有失，有苦也有乐；如果谁总自以为失去的太多，总受到这个意念的折磨，谁才是最不幸的人。

霍金正是在这种一般人难以置信的艰难中，成为世界公认的杰出天体物理学家。这种艰难不仅仅是身体的，更重要的是精神上的负担。回看1963年，当霍金刚得知自己身患罕见的肌肉萎缩性侧索硬化症（卢伽雷氏症）并且寿命只剩两年时，他也是万念俱灰，顿时没有了任何生机，然而没过多久霍金就调整好自己的心态，利用有限的时间继续进行物理研究。然而就算是这一点，我们芸芸大众就很少有人做得到，大部分人会直接颓废，及时行乐，过完自己最后的时光。

霍金的不懈努力感动了上帝，他成功打破了两年魔咒，但是上帝并没有眷顾他，肌肉萎缩性侧索硬化症病情不断加重，他全身瘫痪，不能言语，只有三根手指可以动。在这种艰难条件下继续研究理论物理，这在常人看来简直就是天方夜谭。虽然有电脑软件协助霍金阅读文献和交流，但是和正常人相比效率十分低下，可能连正常人十分之一的速度都不如。看书必须依赖一种翻书页的机器，读文献时需要请人将每一页都摊在大桌子上，然后他驱动轮椅如蚕吃桑叶般地逐页阅读。理论物理研究中有大量的复杂公式推导，这些推导电脑软件很难发挥作用，在这里不得不提到霍金智商很高，至少他的记忆力和心算能力非常强，他自己发明出一种替代的视觉性方法，他在脑里形成各种不同的心智图案与心智方程，他可以用这些心智元素来思考物理问题。霍金的能力放在《最强大脑》节目中，绝对可以轻松夺冠。物理学者维尔纳·以色列表示，霍金的思考过程，犹如莫扎特只凭借想象就写出一整首极具特色的交响乐曲。

高尔基说过："在自然剥夺了人类用四肢走路的本领时，它就给予他一根拐杖，那就是理想。"而霍金无疑为这句话做了最完美的诠释。对霍金而言，"人生的斗士、智慧的英雄"这些绝不是什么溢美之词，他以瘦弱之躯挑战生理极限的勇气以及霍金式的顽皮笑容都向世人证明了：他赢了！他感动了一代又一代的人，他身体力行地告诉世人，每个人都应该成为自己命运的主宰，都应该对自己的生活有自己的主见，拥有自己的梦想，并全力以赴为之奋斗。

☀ 霍金的科研贡献

1979 年至 2009 年，霍金在剑桥大学任牛顿曾担任过的卢卡斯数学教授之职，他的黑洞蒸发理论和量子宇宙论推动了天体物理学的发展，并且对哲学和宗教也有一定的影响。霍金是一位杰出的理论物理学家，一位伟大的历史人物。即便你是一个对物理学没有太多兴趣的人，让你说出几个伟大的物理学家，你首先一定会想到牛顿和爱因斯坦，如果再问你当代最伟大的物理学家，我想你也肯定能想起霍金！霍金的知名度简直太大了！而霍金的成就与这两位前辈相比又如何呢？他有资格跻身科学名人堂吗？让我们看看他在学术界的工作：

霍金辐射

霍金辐射即黑洞辐射，这是在经典广义相对论下的黑洞理论中，引入量子场论，得到黑洞可以蒸发的结论。霍金辐射的理论是霍金在 1974 年提出的。

首先科普下什么是黑洞？黑洞是爱因斯坦的相对论预见的产物。1916 年，德国天文学家卡尔·史瓦西通过计算得到了爱因斯坦引力场方程的一个真空解，这个解表明，如果将大量物质集中于空间一点，其周围会产生奇异的现象，即在质点周围存在一个界面——"视界"，物质只要进入黑洞的这个边界便再也没有机会逃脱，只进不出，甚至是光线也是一样，因而黑洞是看不见的。这种"不可思议的天体"就被形象地称为"黑洞"，而这种形象的称呼是由美国物理学家约翰·惠勒提出。

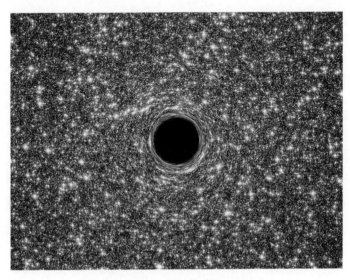

模拟出来的黑洞视图（图正中央）

那人类是如何观测到黑洞的呢？比如观察双星现象，通过观察那些将被黑洞吞噬的物质会盘旋下降形成一个吸积盘，以间接方式得知黑洞的存在。有了这些理论和天文现象为基础，就可以进一步研究黑洞了。这是霍金最重要的贡献，因为黑洞是目前宇宙学中理论基础和观测事实相对充分的天体，但霍金辐射的可观测性是微乎其微的，不论是直接证据还是间接证据，即使一个黑洞能够蒸发，或许也需要几亿年的时间。

奇点定理

在广义相对论的框架下，霍金和罗杰·彭罗斯（Roger Penrose）一起证明了在宇宙时空中存在奇点，黑洞中的奇点是时间终结点，大爆炸的初始奇点是时间开始点，奇性定理目前被广泛地接受为宇宙学的一个成熟的观点，可以在众多著作中见到阐述。但是，奇点是时空中一个特定的点，是密度无限大、时空曲率无限大、体积无限小的一个点，这理论上已经达到了普朗克尺度，此时量子力学或许应该可以起到作用（如果量子力学仍然是有效的），所以这有一个比较矛盾的地方——根据广义相对论可以预言存在奇点，而在奇点处广义相对论或许是失效的，量子力学或许起到关键作用。

有界无边宇宙模型

这实际是现代宇宙学之父爱因斯坦对宇宙模型的阐述，但是霍金推进了这一观点。霍金的这个观点可以通俗的用皮球来对比，一个蚂蚁在皮球上爬，永远都看不到这个球的边，因为没有边，而这个球本身的体积，所占空间是有限的（有界）。因为人类不能感受和想象四维以上的时空，不可能构想出真实的宇宙到底是什么样子，或许我们现在看到的只是多维宇宙中的三个维度而已。

霍金的主要工作都做于 20 世纪 60 年代末 70 年代初黑洞研究大发展时

期，他的早期工作对引力与黑洞领域的研究起到了非常大的促进作用。在统一20世纪物理学的两大基础理论——爱因斯坦创立的相对论和波尔创立的量子力学方面做出了一些贡献。霍金的工作是宇宙学中非常重要的一部分，但并不是基础开创性的，很明显宇宙学的基础是广义相对论，而其中很多复杂的问题要统一量子力学才有可能解决，而霍金在这方面作了许多努力。

☀ 物理学的发展历程

说到这里可以科普下物理学的发展过程以及其中开创性的工作。

物理学上第一个划时代的发展就是牛顿建立起经典力学的框架——牛顿三大定律及万有引力定律，经典力学把人类对整个自然界的认识推进到一个新水平，牛顿把天上的运动和地上的运动统一起来，实现了天上力学和地上力学的大综合，从力学上证明了自然界的统一性，这是人类认识自然历史的第一次大飞跃和理论大综合，它开辟了一个新时代，并且奠定了第一次工业革命的科学基础。

第二个划时代的发展就是法拉第和麦克斯韦建立的经典电磁场理论，19世纪下半叶，麦克斯韦总结了宏观电磁现象的规律，并引进"位移电流"的概念。这个概念的核心思想是：变化着的电场能产生磁场；变化着的磁场也能产生电场。在此基础上他提出了一组偏微分方程来表达电磁现象的基本规律。这套方程称为麦克斯韦方程组，是经典电磁学的基本方程。跳出经典力学框架的

麦克斯韦

束缚：在物理上以"场"而不是以"力"作为基本的研究对象，在数学上引入了有别于经典数学的矢量偏微分运算，实际上麦克斯韦的工作已经冲破经典物理学和经典数学的框架。麦克斯韦的电磁理论预言了电磁波的存在，其传播速度等于光速，这一预言后来为赫兹的实验所证实。于是，人们认识到麦克斯韦的电磁理论正确地反映了宏观电磁现象的规律，肯定了光也是一种电磁波。为第二次工业革命奠定了基础，发电机利用电动力学的规律，将机械能转化为电磁能，电动机是利用电动力学的规律将电磁能转化为机械能。电报、电话、无线电、电灯无一不是经典电磁学发展的产物。

第三次划时代的发展起源于经典物理学大楼上的两朵"乌云"，其中一朵由爱因斯坦解决，建立了狭义相对论，另一朵则是由波尔带领的一大批年轻物理学家（海森伯、泡利、狄拉克、德布罗意、薛定谔等）建立的量子力学解决。原本以为物理学大楼只需要修修补补，然而新理论的建立却将物理大楼直接拆迁重建，打开了新世界的大门。新的理论完全打破人们对世界已有的认识——相对论打破了绝对的时空观念，引入相对的时间与空间概念；而量子力学告诉我们世界是不连续的，打破我们以往物质与能量连续的概念。相对论和量子力学为人类认识世界奠定了坚实基础，原子能、半导体、超导、激光等都依赖于这一基础，它不仅深刻影响到物理学的发展，而且直接导致了半导体、计算机、光通讯等一系列高新技术产业的产生和发展。

显然从物理学发展历史来看，牛顿和爱因斯坦绝对是教父级别的，诚然霍金十分伟大，但是还是不能和他们二位相提并论。在西方甚至全球物理学的象牙塔里，从未有物理学权威机构正式授予霍金"第一"的荣誉称号，只有供职单位对他有过"之一"的荣誉评价。2018 年 3 月 14 日，霍金去世，网上各种"最伟大的科学家"逝世、"最聪明的大脑"离开了、"爱因斯坦之后的第一人"去世等不实文章泛滥开来。而权威媒体对他去世的讣告内容是："著名物理学家史蒂芬·霍金去世，享年 76 岁。"

　　然而，霍金对物理学的科普贡献绝对是无人能比的。他写作出版的《时间简史》《果壳里的宇宙》为广大读者（尤其是不懂物理的人）简介了一些常见的现代物理理论，使更多的人了解物理。《时间简史》自 1988 年首版以来，已被翻译成 40 种文字，累计销售量达 2500 万册，成为一本畅销全世界的科学著作。

　　有一个段子是这样的：

　　火车上，一个美国富商正津津有味地读着《时间简史》，一位老者凑了过来问他正在读什么。那位富商就说：

　　"时间简史，你没读过吗？"

　　"没。"

　　于是富商开始向老者谈起《时间简史》和里边的内容。当火车快到站时，富商讲完了，这才想起来询问老者的职业。老人微微一笑，说：

　　"哦。我是苏联科学院院士。"

　　虽然这个段子有点讽刺意味，但是能侧面表明霍金科普工作做得很好，让大众能够轻松地谈论（可能是假装喜欢谈论，显得自己比较高大上）高深的物理，我们必须要明确科研与科普是完全不同的概念。霍金写作的《时间简史》浅显易懂，致使大多数人觉得物理比较简单，从而能够让大众愿意了解物理。激励更多的青年才俊投入物理研究中，为物理学的发展奠定坚实的基础。霍金的去世标志着物理学"明星时代"的结束，很难再会有像霍金一样的传奇人生，向全人类闪耀物理学的思想。

3.4

玩扫雷还有什么技巧？科学家的玩游戏方法你绝对想不到

作者：王　恩

有时，回忆起童年和青春，眼前总是浮现出一片碧蓝碧蓝的天空和嫩得出水的草地，以及以前在那上面和小伙伴们度过的愉快的时光……当然，你们别想错了，我说的蓝天和草地不是指能撒开丫子跑的那种，而是说Windows XP 那个经典的蓝绿色的桌面背景。

Windows XP 确实承载了很多的记忆，而且 XP 这个系统也是真的经用。Windows XP 于 2001 年 8 月 24 日正式发布，微软在 2014 年 4 月 8 日才停止了对 Windows XP 桌面版系统的支持服务，一直到 2019 年 4 月 9 号，运行在嵌入式设备上的最后的一批 Windows XP 才失去微软的官方支持。XP 们终于正式对我们 say goodbye 了。

提起 XP，不得不说操作系统自带的诸如扫雷、纸牌这一类的经典游戏，真的经典、好玩又杀时间。如果可以统计全人类花在这上面的时间，估计肯定是一个天文数字。不过尽管扫雷大家玩的时间很长，玩的次数也很多，但是我猜 99% 的玩家肯定没思考过，自己玩扫雷为啥那么容易就死，而别人家的孩子玩扫雷，只要几十秒就能通关。

　　虽然 XP 已经离我们而去，但是万幸的是 Win10 系统还能够在商店中直接搜"minesweeper"下载官方重置了的扫雷游戏，重新体会以前的经典。其实吧，扫雷这个游戏很多科学家也爱玩。不过一般人玩扫雷如果死得快，就不断重开重开重开直到碰到一个好的开局（然后又快速地死掉）。科学家就不一样，如果他们玩扫雷死得快，他们不会重开，他们会直接证明"这个游戏通关概率为 0"。

　　扫雷毕竟已经有这么长的历史了，分析扫雷游戏求解概率的论文都有一大堆。作为一个熟练点击扫雷重开键的手残扫雷玩家，今天我就来和大家系统地聊一聊扫雷背后的故事。

☀ 扫雷秘籍

天下武功，无坚不摧，唯快不破！

　　从数学上来看，扫雷就相当于一个不断给你已知条件不断求解的过程，就像一个不断增加条件的应用题。只要你解题足够快，理论上扫雷就可以足够快。你可以通过左键点开确定不是雷的块，右键标记你认为是雷的区域。如果你点开的这一块不是雷，那么它会告诉你这块区域周围八格内有几颗雷。通过很简单的反证法，我们可以推出来很大一部分雷所在的位置。

　　所谓反证法，就是反过来想这个问题。如果存在这么一个向内凹的角，内部的格子都是空白，但是边界上是一个 1，那么这个角上一定会有一颗雷。因为如果这个地方再不是雷的话，那中间的 1 所指的雷就只能去流浪了。同理，一条边上如果有 3 的话，那和 3 挨着的这三个一定是雷。毕竟地雷兄弟们也不能挤一挤挪到一个格子上去。

除了这个反证法以外，在扫雷里还有很多固定的"套路"。

在扫雷的时候其实经常会遇到一些固定的数字模式，比如三个连续的数字为 121，此时想都不用想，就可以直接在 121 两个 1 的正对方向标上雷。或者四个连续的数字 1221，此时两个 2 的正对方向上也一定是雷。受限于篇幅这里不再给出详细证明，问题就留给聪明的读者们了。

咳咳，把思路收回来，如上所述，扫雷确实是有一些套路的。每日熟读此扫雷秘籍，假以时日，扫雷技艺必将大成，杀进小区扫雷五百强。

☀ 扫雷还是运气活儿

虽然人生已经如此地艰难，但我还是要无情地拆穿一点：玩扫雷，你必须要接受，这是一款拼人品的游戏。经过上面的训练，想必你此时已经熟练掌握了扫雷的套路，不过在有些时候你还是要面对猜雷这种事情，而且一招不慎，满盘皆输……

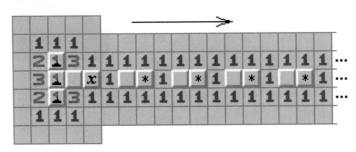

扫雷判断题

假设在我们的扫雷过程中遇到了这么一个图案，确实是一件令人欲哭无泪的事情。不知道怎么哭的可以先把眼泪准备好，马上告诉你们为啥要哭……从左边开始，假设第一个空位有雷，那么第二个空位没有雷，因为空位中间 1 的存在从而第三个空位有雷，依次类推。但是如果是第一个空位没有雷，而第二个空位有雷，我们也说得通。也许你们会想都要踩地雷了，还整个这么复杂的难题，至于么……

别急，后面还有更加复杂的。这里的 x 和之后的 * 号上是否有雷的情况一直相同，所以这个地雷阵就像一根传递信号的导线一样。在扫雷的地图上，我们不仅仅能够做出这种简单的传递信号的导线，其实还能够实现所有的电子电路中的逻辑门的操作。

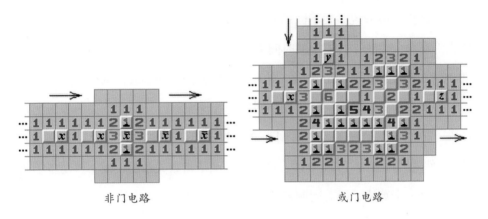

非门电路　　　　　　　　　或门电路

这是两个"简单"的逻辑门，分别实现了将信号翻转的非门和将两路信号做或操作的或门。在另一个也很著名的沙盒游戏——《我的世界（Minecraft）》里面，玩家也可以通过游戏中的材料，红石（其实在此之前的 Windows 10 操作系统的每一年的更新代号就是用红石来命名），实现各种各样的复杂逻辑操作，更有玩家利用红石在 Minecraft 里制造出了真正能运行的计算机……

算了，我已经不敢想象扫雷会变成什么样了……

☀ 判断有没有解都是一件很难的事情

回到文章最开始，我们人去破解一个扫雷问题的话，很容易就会死掉了，那把这个问题交给计算机来做会怎么样？然而很遗憾的是，一般情况下，计算机目前对扫雷这个问题还是无能为力……

稍微值得庆幸的是，在我们平时玩的比较小的棋盘下，计算机还可以通过搜索得到答案。

为了了解计算机处理问题难度的几个级别，有必要先知道一个评价算法难度的概念——多项式时间。对于同一个算法，根据处理问题大小的不同，计算机一般来说需要不同的时间进行计算。用最直观的例子来说，小明要去洗衣服，他洗 1 件衣服的时间为 2 分钟，洗 5 件衣服的时间为 10 分钟，洗 10 件衣服的时间为 20 分钟，处理问题的时间随问题规模的变化为线性关系，一次多项式。现在我们假设小明还是要洗衣服，只不过现在的衣服比较特殊，他洗 1 件这种衣服的时间为 2 分钟，但洗 5 件的时间变为 32 分钟，洗 10 件的时间变为 1024 分钟，这个时候就是指数关系的，而不再是多项式了。评价一个算法，随着问题规模的增大，计算时间怎么增长是一个十分重要的指标。

在计算机里面，对于多项式级别的时间，我们还是认为很快的。如果把问题按照求解的难度来进行分类的话，P 是指能够用多项式时间求解的问题，俗话说就是算起来很快的问题。NP 是指算起来不一定快，但是任何答案我们都可以检查起来很快的问题。NP 完全问题，是比所有 NP 问题都要难的 NP 问题。虽然人们有个美好的想法，总觉得验算起来很快的应该可以找到办法让它算起来很快，但目前还是个未知数……

很不幸，求解一个扫雷游戏的解，正好是一个 NP 完全问题——在能够轻松验证结果是否正确的问题里面最难的那一类。这一类问题目前为止人们还没有发现多项式时间的求解算法，通常只有指数级甚至阶乘级的搜索算法来解决。

扫雷游戏属于一个如此困难的问题，其原因就出在上面提到的，可以把扫雷游戏看作一个个逻辑门进行运算的逻辑电路。给定一个逻辑电路，在已知输出结果的情况下，能否确定每个输入的值？这个问题被称为 SAT 问题，是世界上第一个被证明其为 NP 完全的问题。这种问题验证起来非常容易，你只需要把结果代入到逻辑电路中，马上能知道是否符合要求，但倒过来想要计算符合结果的输入就极端麻烦。

求解扫雷游戏的结果，利用那些构造的逻辑门，可以发现求解部分扫雷问题恰恰等价于求解 SAT 问题。

☀ 扫雷还和渗透有关系

我们在玩扫雷游戏的时候觉得很难，其实还有另外一个原因。这个原因和物理里面的渗透还有关系。

在 20 世纪 60 年代，科学家们 发现在流体流过多孔的介质的时候，介质中的空洞总是会被堵塞，有时候就会影响流体流出。更为奇怪的是，当这些多孔的介质的孔隙被随机堵塞的比例逐渐增大而达到某一值时，一开始一直能够流动的流体就突然被完全堵住。在孔洞被随机堵住的概率发生变化时，液体流过的比率也会发生一个突变。

这种现象被称为逾渗（percolation）。

在扫雷里面，也存在类似逾渗的现象。当一盘游戏里面的地雷密度特别低的时候，我们差不多随便点，都不会点到地雷，而是点到大片大片的空白，一下子就把问题解决了。但是当地雷密度增高以后，在增大到一定程度以后，即使我们理性地分析，从不瞎猜，也不可能把扫雷问题做对了。

针对不同的棋盘大小，有人计算了在不同地雷密度情况下获胜的概率。计算的情况包括扫雷的三种模式：初级 8×8，中级 15×13 和高级 30×16。这里的能否求解不包括第一次随机点击的时候踩中雷的概率。他们的计算结果表明大概在雷的密度为 20% 时，游戏还能有一半的概率可以解开。但是一旦雷的密度太高，高于 30%，那获胜的概率就寥寥无几了。

我们把流体通过多孔介质逾渗的模型抽象出来的话，其实对应着点逾渗，也就是把整个介质想象成一个网络，流体在经过每个网格时，有概率 p 的可能通过。如果不能流过的网格在网络中连成了片，流体就不能流过了。

不严格地来说，求解扫雷问题其实和逾渗模型很类似，我们求解的过程其实也像推土机一样，不断地利用已有的知识将已知区域向外一层一层地推进。游戏中某处雷的密度越大，那么越有可能出现可解部分被雷分开的情况，地雷密度和逾渗参数起到了一样的作用。被分隔到无法连接整个棋盘，那就无法继续推理了。更为严格的证明可以参考 Elchanan Mossel 的论文。

随着网格的不断增大，扫雷问题越来越向两个极端发展：要不就根本解不出来，要不就是很容易就能解出来。在高级模式下，地雷的密度其实已经到了 $99/480 = 0.2$，能够解出来的概率已经不到 $1/4$，这还不算手抖了点错了，开局不好重开之类的情况，真的不算是友好了。

这篇文章终于迎来了尾声，相信看到这里的人，一定已经跃跃欲试迫不及待地想要玩一下扫雷了。

我相信你们，天下无难事，只要肯放弃（卸载也行）！

3.5
传纸条被发现，一看竟写着……

作者：周思言　王　恩

　　不知道大家以前有没有用过带有密码功能的日记本？当年偷偷写的日记和小秘密，为了防止被同学老师家长偷看，都写在这样的本子里面。这种本子的密码少则四五位，多的有七八位，除非知道这个密码锁的密码，不然根本无法打开。

　　除了带密码的日记本，上学的时候谁又没有在课上偷偷地传过小纸条呢？可能很多人还挺享受那种在老师眼皮子底下偷偷摸摸说悄悄话的快感。其实说起来，这种"传纸条"应该也算是大家最早的对保密通讯的需求了。为了防止传纸条的途中被其他同学截和获取里面的内容，可能有的人还要用密码来加密一下。

　　从通信的角度来讲，一个好的编码方案可以在有效传输信息的同时大大降低传输所需要的代价。怎么才能科学地理解通信和编码，以下我将从字符编码的角度来介绍几种历史上著名的编码方案以及信息熵的概念。

☀ 摩尔斯电码

　　1837年，美国人塞穆尔·摩尔斯（Samuel Morse）发明了电报，并和艾尔菲德·维尔（Alfred Ville）一起，共同发明了一套电码以供电报配套使用。这套电码就是赫赫有名的摩尔斯电码（Morse alphabet）。这种古老而简单的信号代码主要由两种基础信号组成：短促的电信号"·"（读作嘀）和保持一定时间的长信号"—"（读作嗒）。电影电视剧里勤奋的发报员每天嘀嘀嗒嗒响个不停就是在发电报。

老式电报机

按照点码表所列出的组合，摩尔斯电码可以构成不同的字符，比如字母、数字和常用的标点符号：

摩 尔 斯 电 码 表

字符	电码符号	字符	电码符号	字符	电码符号
A	· —	N	— ·	1	· — — — —
B	— · · ·	O	— — —	2	· · — — —
C	— · — ·	P	· — — ·	3	· · · — —
D	— · ·	Q	— — · —	4	· · · · —
E	·	R	· — ·	5	· · · · ·
F	· · — ·	S	· · ·	6	— · · · ·
G	— — ·	T	—	7	— — · · ·
H	· · · ·	U	· · —	8	— — — · ·
I	· ·	V	· · · —	9	— — — — ·
J	· — — —	W	· — —	0	— — — — —
K	— · —	X	— · · —	？	· · — — · ·
L	· — · ·	Y	— · — —	／	— · · — ·
M	— —	Z	— — · ·	（ ）	— · — — · —
				—	— · · · · —
				·	· — · — · —

这些字符串连起来就组成了单词，单词串连变成句子。

每个不同的单位之间需要一定的停顿时间，否则就会引起歧义。比如"h"是"····"，而"i"是"··"，如果没有停顿，连续两个"i"就会是"····"，跟"h"就混淆了。

不同单位之间停顿的时间不相同。嘀 =1t，嗒 =3t，嘀嗒间 =1t，字符间 =3t，单词间 =7t。

著名的国际通用海滩求救信号就是采用摩尔斯电码，运用灯光（比如手电筒）向远处发射三短三长三短的光，即"···———···"。换成对应的字母也就是"SOS"。至于为什么要采用这样的一组光——当然是因为最简单最容易辨识啊！

阅后作业：请试着说出以下摩尔斯电码的解码文：

·—————·····——·—··

☀ ASCII 码

20 世纪，随着计算机的诞生，编码在应用阶段上获得了迅速的发展。由于计算机只能存储二进制数（高电平为 1，低电平为 0），人们决定开发一套通用的二进制编码规则来相互通信。

就这样，由美国国家标准学会制定的 ASCII（美国信息交换标准代码，American Standard Code for Information Interchange）应运而生。

ASCII 码能够用 7 个比特（bit）来表示不同的字符。每个 bit 可以有 0 和 1 两种状态，因此 7 位二进制数能够表示 128 种不同的字符，也就是表中的前面 0 ~ 127 种。里面包含了所有英文文字表达所需的字符，英文国家表示很满意。

但这远远不能满足广大的非英文国家的需求。他们表示很不开心并增加了一个比特的位置，占领了后面的 128 个空位。于是，从 128 到 255 的这 128 个字符被用来表示他们的字母、符号和形状，这些被称为"扩展字符集"。

码值	控制字符	码值	控制字符	码值	控制字符	码值	控制字符	码值	控制字符	码值	控制字符	码值	控制字符	码值	控制字符
0	NUL	32	(space)	64	@	96	`	128	&Ccedil;	160	á	192	└	224	α
1	SOH	33	!	65	A	97	a	129	ü	161	í	193	┴	225	&szlig;
2	STX	34	"	66	B	98	b	130	é	162	ó	194	┬	226	Γ
3	ETX	35	#	67	C	99	c	131	&acirc;	163	ú	195	├	227	π
4	EOT	36	$	68	D	100	d	132	&auml;	164	&ntilde;	196	─	228	Σ
5	ENQ	37	%	69	E	101	e	133	à	165	&Ntilde;	197	┼	229	σ
6	ACK	38	&	70	F	102	f	134	&aring;	166	&ordf;	198	╞	230	&micro;
7	BEL	39	'	71	G	103	g	135	&ccedil;	167	&ordm;	199	╟	231	τ
8	BS	40	(	72	H	104	h	136	ê	168	&iquest;	200	╚	232	Φ
9	HT	41	)	73	I	105	i	137	&euml;	169	⌐	201	╔	233	Θ
10	LF	42	*	74	J	106	j	138	è	170	&not;	202	╩	234	Ω
11	VT	43	+	75	K	107	k	139	&iuml;	171	&frac12;	203	╦	235	δ
12	FF	44	,	76	L	108	l	140	&icirc;	172	&frac14;	204	╠	236	∞
13	CR	45	-	77	M	109	m	141	ì	173	&iexcl;	205	═	237	φ
14	SO	46	.	78	N	110	n	142	&Auml;	174	&laquo;	206	╬	238	ε
15	SI	47	/	79	O	111	o	143	&Aring;	175	&raquo;	207	╧	239	∩
16	DLE	48	0	80	P	112	p	144	&Eacute;	176	░	208	╨	240	≡
17	DCI	49	1	81	Q	113	q	145	&aelig;	177	▒	209	╤	241	±
18	DC2	50	2	82	R	114	r	146	&AElig;	178	▓	210	╥	242	≥
19	DC3	51	3	83	S	115	s	147	&ocirc;	179	│	211	╙	243	≤
20	DC4	52	4	84	T	116	t	148	&ouml;	180	┤	212	&Ocirc;	244	⌠
21	NAK	53	5	85	U	117	u	149	ò	181	╡	213	╒	245	⌡
22	SYN	54	6	86	V	118	v	150	&ucirc;	182	╢	214	╓	246	÷
23	TB	55	7	87	W	119	w	151	ù	183	╖	215	╫	247	≈
24	CAN	56	8	88	X	120	x	152	&yuml;	184	╕	216	╪	248	°
25	EM	57	9	89	Y	121	y	153	&Ouml;	185	╣	217	┘	249	·
26	SUB	58	:	90	Z	122	z	154	&Uuml;	186	║	218	┌	250	·
27	ESC	59	;	91	[	123	{	155	&cent;	187	╗	219	█	251	√
28	FS	60	<	92	\	124	|	156	&pound;	188	╝	220	▄	252	ⁿ
29	GS	61	=	93	]	125	}	157	&yen;	189	╜	221	▌	253	&sup2;
30	RS	62	>	94	^	126	~	158	₧	190	╛	222	▐	254	■
31	US	63	?	95	_	127	DEL	159	ƒ	191	┐	223	▀	255	

（图中码值为十进制形式，计算机里的形式是对应的二进制）

即使后来产生了各种花里胡哨的计算机编码规则，ASCII 码以其优秀的实用性，仍然保留了下来。它通常保留在各种编码规则的最开头，占据最前面的 128 个位置。

在人看来非常简单的单词，在计算机眼中就变成了一大堆 0 和 1 的组合。当然，由于计算机拥有强大的处理能力，这些数字也并不成问题。

阅后作业：参考下图，解码以下 ASCII 码文（一行一字）：

01101110 01101001

01101000 01100101 01101110

01111001 01101111 01110101

01111000 01101001 01110101

0110 0001	a	小写字母 a
0110 0010	b	小写字母 b
0110 0011	c	小写字母 c
0110 0100	d	小写字母 d
0110 0101	e	小写字母 e
0110 0110	f	小写字母 f
0110 0111	g	小写字母 g
0110 1000	h	小写字母 h
0110 1001	i	小写字母 i
0110 1010	j	小写字母 j
0110 1011	k	小写字母 k
0110 1100	l	小写字母 l
0110 1101	m	小写字母 m
0110 1110	n	小写字母 n
0110 1111	o	小写字母 o
0111 0000	p	小写字母 p
0111 0001	q	小写字母 q
0111 0010	r	小写字母 r
0111 0011	s	小写字母 s
0111 0100	t	小写字母 t
0111 0101	u	小写字母 u
0111 0110	v	小写字母 v
0111 0111	w	小写字母 w
0111 1000	x	小写字母 x
0111 1001	y	小写字母 y
0111 1010	z	小写字母 z

☀ GBK 标准

后来，计算机终于来到了中国人民的手中。然而，大家发现 ASCII 码的 256 个坑位已经全部被占用了。

但汉字总不能都用拼音表示吧，于是，优秀的中国选手自己制定了一套叫作 GBK（汉字内码扩展规范，Chinese Internal Code Specification）的编码方案，用两个字节来表示一个汉字。

这套规则兼容了前面的一些编码方案，用后面空余的位置收录了 21003

个汉字，日常使用完全够够的了。

不过，当时想要在电脑上显示汉字，就必须装上一个汉字系统。而当时的大多数人对电脑仍然是一窍不通的，回去装系统发现全是 bug 而且看都看不懂……

而且，不同的国家都开发了一套自己的编码方案和文字系统，导致不同国家的人之间无法互相通信。因此他们制定了一套统一的编码规则——Unicode。

☀ Unicode 码

Unicode 又称万国码、统一码，为解决传统字符编码方案的局限而产生。听起来就很厉害有没有！

它把所有语言的字符都统一到一套公用的编码，有 100 万多种字符，就像是一部世界语言通用字符字典。因此，在 Unicode 中，一个字符需要用三个字节来表示。

像一些简单基础的字符，比如 a、b、c 等，1 个字节就能够表示了。但是按照 Unicode 的规则，计算机必须再读取两个空字节填充在高字节位。比 GBK 多 1 个字节，比 ASCII 多 2 个字节。

所以，这么一看这个神级装备难道还不如新手装备吗？

于是，智慧的人们不堪其辱地研发了 UTF-8（8 位元，8-bit Unicode Transformation Format）这种专门针对 Unicode 的可变长度编码。它将 Unicode 编码进行再编码，再进行传输，可以自动变长节省空间。

UTF-8 也成为现在程序员们钟爱的一种编码形式啦！

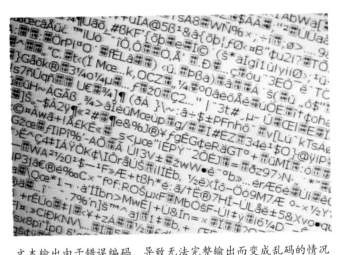

文本输出由于错误编码，导致无法完整输出而变成乱码的情况

☀ 信息熵

在上面的内容中，我们介绍了很多编码的内容。但是同一份内容，无论用什么编码来进行"叙述"，其本身所包含的信息应该是不变的。

在信息论中，人们使用熵（entropy）来度量接收到的每条消息中包含的信息的平均量，这也被称为信息熵、信源熵等。这里的"消息"其实已经不是我们日常发条微信，发条语音的那种消息了，而是可以更广泛地理解为一件事情发生的概率分布，或者数据中的事件、样本或者特征。

和热力学里面的熵类似，这里的信息熵同样可以理解为对不确定性的一种度量，因为一个消息来源越随机，那么它的熵就越大。就像投掷一枚硬币，其正反面出现的概率都相同，那么这时候它的熵就最大。反之，如果这枚硬币很特殊，它的正面更重一些，因此在投掷以后，它正反两面出现的概率不再一致，它的熵就会减小。这里的想法很简单，因为正反两面概率不再一致，这里发生了以前不会发生的事情，给我们提供了更多的信息，减少了不确定性。

在很多人见到信息熵的定义的时候一定都会有疑惑，明明是挺简单的一个概念，为啥计算的公式这么复杂呢？又是对数又是相乘还要求和。

$$H(X) = \sum_i P(x_i)I(x_i) = -\sum_i P(x_i)\log_b P(x_i)$$

☀ 信息熵计算规则

其实藏在这个公式的背后的假设非常简单：1. 信息熵的单位。2. 可加性。

无论怎么定义信息熵，我们都需要一个单位。一般情况下我们选取的单位为 bit，比特（bit）。也就是 $H_2(1/2, 1/2) = 1$。实际上，信息熵的定义函数对于连续性也有一定的要求。对系统施加微扰，假设抛一枚硬币正面朝上的概率变为了 0.50000001，而反面朝上的概率变为了 0.49999999。那么此时抛硬币这件事情包含的信息熵应该还是约为 1 bit，而不会变成 2 bit 或者其他的数值。用数学化一点的语言来说就是，$H_2(p, 1-p)$ 是关于 p 的连续函数。

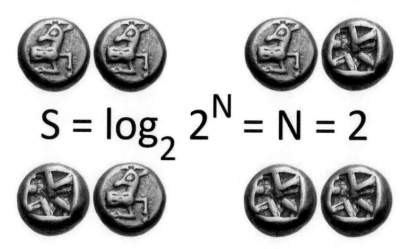

丢两枚硬币的情形

在有了信息熵的单位以后，我们还需要知道不同系统之间的信息熵是怎么相加的，就像小时候学加法的时候老师教小朋友 2 个苹果加 3 个苹果等于几个苹果一样。只不过这里关于信息熵的"加法公式"，比起 2＋3＝5 会稍微麻烦一点点。

我们需要明确不同系统之间的信息熵是怎么计算的。

对不同系统的信息熵进行求和的过程可以这么理解，还是用抛硬币这个例子，只不过我们这时候要抛两枚硬币了。当然，我们希望信息熵的定义能够保证这时候对应的为 2 bit。那么能不能做到呢？我们先完全不管第一枚硬币的正反结果，因为对第一枚硬币的情况一无所知，那么这时候的系统其实就相当于只抛一枚硬币了，当然此时的信息熵就是 1bit。此时我们再单独看第一枚硬币带给我们的信息熵，其同样为 1bit。所以在信息熵的定义过程中，要让其具有系统的可加性。也就是：

$$H_m (p_1 \cdots p_m) = H_m (p_1 + p_2, \cdots p_m) + p H_2 (p_1/p, p_2/p)$$

其中 $p = p_1 + p_2$。

在有了这两条以后，我们就能推导出信息熵的公式只能是上面对数的形式了。

☀ 那些说不完的秘密

熵的故事其实最早要从物理上开始说起，其度量了分子的微观状态的混乱程度。

在信息的世界中，熵越高，其可能性越多，则能传递越多的信息；熵越低，其可能性越低，则能传递的信息越少。比如你说了一句话，"今晚夜色真美"，里面包含了很多的可能性，熵比较高，我们一般就可以说这句话"信息量很大"。

　　不过我们日常生活中对于信息，或者信息量很大还有另外一种理解。熵是对不确定度的度量，获取信息等于消灭熵。就像你读了"中科院物理所"推送的文章一样，学到了很多东西，信息量很大。这个其实并不是说我们的文章模棱两可，充满了可能性，而是在说你心里对一些事物是比较模糊的，在阅读完文章以后，消灭了这种模糊性，获得了信息。

　　回到我们前面叙述的那么多编码中来，一段数据经过编码以后被无损地压缩了，信息不变，但是长度变短了，这也就意味着我们更难预测每个字符的下一个字符，因此它的信息熵会增加。因为一个固定长度的消息其信息熵有上限，这也就是说消息压缩存在着上限，我们不能无限制地对消息进行压缩。

　　如果不断地用压缩软件去压缩一个文件，我们甚至会发现压缩包会变得越来越大。

　　在信息熵的背后还有点小故事。在信息论的创始人香农提出这个概念以后，冯·诺依曼发现了其与物理学上的热力学熵概念存在相同之处，从而建议香农取名为"信息熵"。

3.6
你三分之一的人生竟然是这样度过的

作者：科学电台 SciFM

 01

你们知道吗？一个正常人一生大约有三分之一的时间都在睡觉！人们常说没有什么事是睡一觉解决不了的，如果不行，再睡一觉。可是每天都会睡觉的你对它背后的故事又知道多少呢？那么今天，我们就来多说一些关于睡眠与梦的事情。

现在我们先来看一下睡眠过程中交替出现的两个阶段。

正相睡眠（NREM）

人在正相睡眠阶段呼吸变浅，慢而均匀。心率、血压下降，全身肌肉放松。

根据睡眠的深度又分为 S1 ～ S4 四个阶段，睡眠依次加深。当再由 S4 依次回到 S3、S2 时，进入异相睡眠阶段，如此反复。

异相睡眠（REM）

进入异相睡眠阶段，人的血压、心率、体温有所升高。伴有眼球的快速运动（大约是 50 ～ 60 次 / 分），血压、心率、体温有所升高的同时，呼吸略快，肌肉却更加松弛，会因为某些原因出现轻微的抽动。每夜出现 4 ～ 6 次，约占整个睡眠期的 20% ～ 30%，数量与睡眠时间的长短有关。梦境大多出现在这一阶段。

弗洛伊德在 1900 年出版了《梦的解析》，他认为，梦境是无意识欲望和儿时欲望的伪装的满足，潜意识中受压抑的本能、欲望、情感和意念在梦中得到疏泄。梦境的产生，有因必有果；而占比例很大的潜意识部分，对人的思维和行为起主要支配作用。

这次，我们首先来讨论一个问题，睡眠是怎么发生的？我们为什么会睡着呢？

☀ 02

现代研究认为，我们的大脑存在一个睡眠中枢，它主要由脑干上的蓝斑核和中缝核控制。其中蓝斑核头部的纤维和网状结构一起维持你的觉醒状态，而中缝核头部的纤维与正相睡眠的产生有关，蓝斑核的尾部和中缝核的尾部参与异相睡眠的过程。有实验表明，损毁中缝核会引起失眠，损毁蓝斑可导致异相睡眠的丧失。中缝核大量集聚的 5- 羟色胺（5–HT）和蓝斑大量集中的去甲肾上腺素（NA），以及常见的神经递质乙酰胆碱（Ach）分别在引起慢波睡眠和触发异相睡眠中起着重要作用。

另外，就是睡眠因子学说。以前的一些科研人员认为，人在白天活动时，大脑会产生一种叫"催眠素"的代谢产物。1910 年，一位法国生理学家做了一个实验：他硬是让一批狗狗 5 ～ 10 天没睡觉（狗狗们：我们困啊！），然后收集它们的脑脊液灌流到正常犬的第四脑室，引起了后者的睡眠现象。这个实验经许多科学家的重复得出了同样的结论，但是他们都没有弄清楚提纯出来的物质具体是什么结构，只能根据一些特征判断睡眠因子是肽类物质。唯一能搞清楚具体化学结构的是一种叫"δ－诱导睡眠肽（DSIP）"的物质，由两位科学家在兔的脑脊液中提取的一种九肽，分子量是846，其氨基酸的排列顺序为：

色－丙－甘－甘－门冬－丙－丝－甘－谷

在睡眠因子的研究中，大脑松果体会在夜间产生一种叫作褪黑素的物质，这个经常需要倒时差的朋友们可能知道，褪黑素对昼夜节律的调节非常明显。不仅能缩短睡前觉醒时间和入睡时间，还可以改善睡眠质量，睡眠中觉醒次数明显减少。但是褪黑素并未影响异相睡眠（REM）阶段。所以，睡觉的时候最好保证一定的暗度哟。

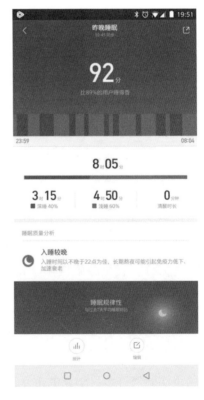

另外不得不提的就是2017年度诺贝尔生理学与医学奖的得主，他们研究的问题就是人体昼夜节律的分子机制。他们认为人体的睡眠、激素分泌、代谢和免疫系统都与生物钟，也就是基因控制息息相关。昼夜节律的打乱，会引起很多内分泌系统和脑部疾病。所以为了我们的健康，我们需要拥有高质量的睡眠。

我们当然都希望自己有高质量的睡眠，而现在很多电子产品，比如运动手环、各种App都有一定的睡眠分析功能。本人也尝试了一款：如图所示，上面数据比较精确，还区分了深睡眠和浅睡眠，并且呈现一定的规律。

再来说手环，它不可能检测到脑电波。而手环的主要原理是根据运动量和心率（因为毕竟手环内只有这两种传感器）来检测你的睡眠以及区分深浅睡眠。当满足一定的条件时，手环会认为你进入了睡眠状态，并开始记录。由于在深睡和浅睡时，心率、运动量等确实有差别，所以这种区分方法有一定的科学依据。但这个测量图不太符合脑电图测出来的睡眠规律。另外，不能笼统地说有梦就是睡眠浅，睡眠浅就是在做梦。总之，要想全面、正确地分析自己的睡眠情况，就一定要去医院进行脑电图、眼肌电图、心电图等检查，这些手环的数据只能给健康人作个参考。

接下来我们再来说说，为什么做梦时会出现快速眼球运动这种现象呢？

☀ 03

我们的梦境是以视觉元素为主，但是我们在睡眠过程中并不能真正看到外界的事物，所以确切来说，我们在梦中看见的一切都叫"内视"。你的大脑皮层产生了某种视觉体验，经视神经传导到了眼球，也就产生了眼球的运动，也就是你的眼睛，正在扫过你梦中出现的场景。

有一名研究者记录了一名做梦者的眼肌电图，眼球共进行了26次有规律的左右往返运动，后被唤醒。醒来的受试者回答梦境的内容为：直到被叫醒为止，他梦见自己站在球台边，看两个朋友在打乒乓球，看球在两边来回运动，相持的时间比较长。而且受试者眼球的运动与眼肌电图的相符性也非常高。

另外，梦境中听觉元素也占了很大一部分。因为我们在现实生活中对世界的感知主要来自视觉和听觉。梦中偶尔也会有鲜明的触觉、嗅觉和味觉，但是比较少。

下面我们说一下梦境的形成：外界和机体内部的一些刺激会混入梦境之中，产生相应的意象。如果你觉得你特别想上厕所，在你的梦里，你会着急地到处找厕所，这就是一种机体内部的刺激。有人说：梦到找厕所不可怕，可怕的是找到了厕所。这种情况在小时候是有可能出现的，因为那时候我们的神经系统还发育不完全，但是长大后我们就有了控制排尿的能力，就可能会出现到了厕所，却解不开腰带，或者厕所不能上等问题，直到醒来。外部的刺激最经典的例子就是闹钟，还有就是有的人梦到了失火，在梦里看见了冲天的火光，惊醒之后发现原来天已经大亮，火红的朝阳照在窗户上。

有很多人会有梦中梦的体验，醒来之后发现自己不是真的醒来，但是这种醒来的感觉却十分真实。弗洛伊德曾经对这种情况做出过解释：比如说，到了你上班或者上学的时间，你潜意识里觉得自己该醒过来，但是你又特别困，实在不想醒过来，为了补偿这种心理，你便会在梦中醒过来，准备上班或者上学，而你的潜意识感受到了这种醒来，身体就会心安理得地继续睡觉，直到你真正醒过来。

随后，本人对课题组的老师同学们做了一个小调查，调查结果显示：

在32人中，有29人曾经梦到过自己从悬崖边或者楼顶上坠落，基本上当场就被吓醒了；有12人梦到过自己飞翔；有15人梦到过自己被人或者动物、鬼怪追赶；有23人曾梦到有关考试和成绩的事情；有8人梦见自己牙齿脱落；有6人梦见跟别人吵架。梦中出现最多的动物竟然是蛇。

这些在现代梦境分析中，都是一些简单的典型梦，并没有过于复杂且很确定的意义，一些研究者在广泛搜集资料的基础上做出一些推论，当人存在焦虑、恐惧、烦躁情绪、压力比较大时，或者受到束缚、逃避一些现实中无法面对的事情，潜意识有一些你不愿意提起或者想起的往事（尤其是儿时的恐怖经历），就很容易做这些典型梦。

3.7
装物理学家很欢乐很沉重

作者：曹则贤

　　各位年轻的朋友，大家好，欢迎大家从今天起正式加入物理所。

　　往年在这里给同学们做入学教育的都是物理所的著名科学家，甚至是院士，今年安排我这种普通研究员来做这样重要的报告，也许是想给大家一个"反面教材"，从反面鼓励大家。希望大家珍惜这个机会。

　　我们物理所出反面教材和正面教材是有传统的。各位在国科大读书的时候可能听说过"中关村村长"吴宝俊博士，那是我们所著名的"反面教材"先生，他的博客非常有名。为了不让反面教材给人一种"物理所人怎么谈的不全是深刻物理"的错误印象，他的同门师兄弟、物理研究做得非常漂亮的张江敏博士针锋相对地开了个博客，叫"正面教材"，给你细细地讲那物理之最微妙处。咱们物理所的正面教材对大家有借鉴作用，反面教材嘛，也不是哪儿都有的。

　　各位作为佼佼者，经过了四年的大学本科和一年的研究生教育，信心满满地到这里来做研究。但是非常抱歉的是，我觉得到目前为止，在国内受过大学教育和研究生教育后就掌握了像样的数学和物理知识的学生几乎没有。甚至客观地说，当前中国的数学和物理教育连欧洲 100 年前的难度都达不到，而且是远远达不到。于你，于我，皆如此。

我举一个简单的例子。本科的时候我们学牛顿力学，知道在力的作用下粒子会加速运动，加速度由牛顿第二定律给出，那么请问关于粒子三维运动轨迹的数学描述，在大一的时候你学会了多少？

对粒子运动轨迹的数学描述是由哪些人引入的呢？一个法国人叫克莱罗（Alexis Clairaut），他13岁时第一次向法国科学院（Académie française, Institut de France 下面五个学院之一）递交关于几何曲线研究的论文，16岁时提出曲线的描述需要"曲率"的概念，18岁当选法国科学院院士。克莱罗提出，在三维空间的运动轨迹，一条曲线，除了需要法线、切线的概念，还需要引入副法线（binormal）的概念，曲率是双重曲率（double courbure）。克莱罗是凭借关于曲线的研究18岁当选的法国科学院院士的。

这个法国科学院的院士有多大的含金量呢，我告诉大家，居里夫人获得两次诺贝尔奖也没有资格当选，因为她学问不够（法国科学院1962年有了第一位女院士）。路易·德布罗意1924年在博士论文里提出物质波的概念，1929年拿到诺贝尔物理学奖，但是直到1944年还是在他亲哥的运作下，德布罗意才当上了法国科学院的院士。我们可以想象一下克莱罗和居里夫人或者德布罗意这个级别的著名科学家之间的距离。

所以大家一定要对我们将来要投入的这项事业——数学和物理——里面学问的深浅要有一点感觉，这种感觉在很早的时候就应该被培养起来。打个比方，大家在上大学的时候可能读过量子力学，知道里面有一个重要的概念叫泡利矩阵。这位泡利先生不光是量子力学干得漂亮，而且他"高考"完了等录取通知书的那个假期，写了两篇论文奠定了他作为相对论专家的基础。因此，当他大一开学到慕尼黑大学去报到的时候，慕尼黑大学的著名教授索末菲（Arnold Sommerfeld）跟他说你已经够博士学位的水平了，但是按照德国的规定，一个人入大学以后最起码要经过六个学期才可以申请博士学位，你总不能在我这就晃悠（德语用词是 aufsitzen）六个学期呀，我给你找点活儿吧。正好我接受委托要为德国数理百科全书写相对论这一个专题，而你这位同志今年也该有 18 岁了，你应该是相对论这方面的专家，所以这个事你来做吧。于是刚上大一的这位泡利先生就开始撰写相对论的 review article，大三的时候正式发表，到今天为止这个 237 页的相对论的文本还是这个领域的经典。请大家记住，这是出自人家大学一位大一的学生之手。哪位会广义相对论的请举手？顺便说一句，千万别以为学凝聚态实验物理不需要懂一点儿相对论。

　　各位如果觉得自己很了不起的话可以跟上面这两位——一个数学还行，一个物理还行的——比较一下，今天活动结束后有空找出泡利矩阵，试试你能否看出泡利矩阵的代数结构是什么。泡利矩阵加上单位 2×2 矩阵恰恰就是相对论里面的距离公式，看你能看出来吗？我们想一想，那些都是欧洲高中和大一学生应该学会的东西，而今天在我们这儿多少人像我这样，可能教授当了十几年以后才突然看明白一丁丁点儿的。所以我想大家既然来到了物理所，投身于物理这样的一个基础学科，希望大家抽空把自己的面拓宽一点，有时候多往深里去理解一点、去试一试水到底有多深，这样可能会让你能静下心来安心地去做一点事情。

　　回到刚才的话题，为什么说我是一个"反面教材"呢，因为我的经历可能跟你们这些学霸都不一样。学霸是四年本科，四年得博士的那种，有的用时更短。我从本科开始到拿到博士学位，中间一天未断，一共花了 15 年，中间经历的专业包括激光专业、凝聚态物理、理论物理、表面物理，从推公式、编软件到自己画图纸、加工机械都干过。为什么我遭遇了这么多的折腾呢，我想可能是与个人本身的读书动机"不纯"有关系。

我是 20 世纪 80 年代初的大学生,那个时候生活跟现在不一样,我们大学里除了少数家境特别好的外,很多同学有挨饿的经历。你不能指望一个挨饿的学生有多崇高的理想。所以我们本科的时候就想出国。

为了出国也就不在乎专业的挑选了,所以读硕士时我从激光专业改到凝聚态物理。当时整个中国科技大学我就知道有那么一台 X 光机,还是人家地球与空间科学系的仪器,可以说做凝聚态物理的条件是很差的。各位今天在这里读研,大家要珍惜现在这么好条件的地方,别光看着自己实验室的那几台仪器,有空可以到物理所各个实验室去转一转,感受一下世界领先水平的仪器设备。话说我当年做凝聚态物理条件那样差肯定是不行的,所以我就转读理论物理博士。理论物理博士没拿到手的时候,又有了到德国去读实验物理博士学位的机会,我就又去考实验物理,结果不得不转到实验物理,这个时候我的背景就很凌乱了。这样,我在德国选择论文方向的时候就遭遇了一个非常尴尬的情况。

那是 1992 年,当时我导师的实验室就有四台 STM(扫描隧道显微镜),那个时候非常粗糙,基本上一星期也扫不出两张图,其实已经很了不起很幸运了,但当时我不知道啊。我导师当时给了我四个方向,让我考虑一下挑一个。可是那四个实验方向我都不懂,以前在国内的实验条件很差我哪个都没做过,我只能找我的德国师兄问。德国师兄说其中有一台非常古老的表面分析仪器,是光电子能谱加上一些等离子体加上质谱,前面一位师兄已经在上面倒腾了六七年还没毕业,你只要不选它,别的都挺好。于是第二天我就特别傻地跑去跟我导师说其他三个都行,只要不选那个旧的表面分析仪器就行。然后我导师说好吧,那就选这个旧的吧。

唉,你可以想象一下我当时有多郁闷,以及后来这套仪器对我的冲击有多大。那时候我们几乎没玩过仪器,所以我还是用学理论物理的那套方式,先去找相关教科书，搬了套九卷本的德语《电工电子学》回宿舍看，结果那本书的序言里面有一句话对我影响非常大，我读完以后就把这套书还给图书馆了。今天我也教给在座的，"所有的电工电子学仪器（就是各位将来在实验室会遇到的各种仪器），不过就是以某种方式输出电流和电压"。你别管它叫什么名字，不论叫 STM、AFM、光电子能谱什么的，你别信它这些乱七八糟的名字，它不过就是以某种方式输出电流和电压而已。也就是说，各位在实验室里拿到的图谱不过就是某个仪器输出的电流和电压。你拿到的是用计算机软件画成的图，它和具体的物理之间的关系是需要你好好去琢磨的。我们可千万别把仪器输出来的东西当成物理，各位要是这么做实验物理的话将来就麻烦了。

我想各位可能还没习惯于真正物理地思考。比方说我们聊聊大学物理的知识。各位可能不知道，大概这个世界上什么都有，就是没有温度计。所有温度计的测量原理都是通过测量一个别的物理量，然后依据一个可能是扎实的，也可能是不扎实的理论公式或者假设换算成一个数值，那个数值你管它叫温度。相当多的人在做实验的时候，只看自己的仪器给出的"温度"那一栏的数值，而不去理解温度是什么，最后吃了相当大的亏。与温度有关的许多烂物理成果就是这样产生的。

我听说过一件有趣的事。我们知道在物理所，晶体生长是一个非常重要的方向，因为我们研究凝聚态物理首先要获得具有某种特定物理性质的物质，这种物质可能不再是天然存在的物质，而是需要通过我们的努力才能获得的。晶体生长是一个非常艰难又非常综合的学科，其中有个关键的因素就是温度控制。我们从哪里获取温度、那台仪器测量的数据凭什么叫温度，以及这台仪器可能会造成哪些假的信号都会给我们的研究造成影响。那时我刚到物理所没多久，这一片还是小小的平房，里面有生长晶体的仪器。据说有一段时间某种晶体怎么都生长不好，但是各种条件都控制得很好呀，大家很努力地折腾了半年去找原因，最后发现是因为院子里的野猫把那个测量温度的热偶给扒拉得移动了位置。我想当事人可能很崩溃，做梦也没想到会是这个原因。所以在这里我提醒大家一点，在实验室干活的时候，千万不要认为那些仪器都是一个黑匣子，它输出说这是原子图像你就觉得那是原子图像，它说这是温度你就认为是温度，那不是一个物理学家应该具有的认识。做实验的正确态度是，你一定要努力做到你用的那个仪器对你来说是透明的。一套仪器在你面前，从它的物理原理到它的电子学结构到它工作的整个物理过程，到它的理论解释对你来说都应该是透明的，那个才叫做实验。

我想起来还有一件最重要的事情，是我自己特别尴尬的事情。我从1982年进入大学读物理，到2001年在物理所拿到研究员的位置，也就是所谓的物理教授，但我大概是2007年才突然有一天想起来问自己一个问题，什么是物理？我很惶恐。当时为什么会想到问这个问题呢？因为我碰巧读了一本书叫《什么是数学》，读完这本书才启发我去问什么是物理。

这本《什么是数学》的作者 R·柯朗（Richard Courant）大家可能听说过，年轻时在德国的哥廷恩大学工作。大家知道哥廷恩大学里面牛人有多少吗？比方说那个最著名的艾米·诺特（Emmy Noether）女士，她1918年5月18日发表了一篇文章《论变换的不变性》，从此世界上才算正式有了理论物理这个学科，这位优秀的女士是哥廷恩大学的第一位女讲师。其他的有大数学家希尔伯特（David Hilbert），克莱因（Felix Klein）等。柯朗在哥廷恩大学也就是个讲师，德国纳粹上台以后他逃到了美国，就是这样一个德国普通大学里的讲师奠立起了美国的当代数学，建立了柯朗数学研究所。他为了在美国推广数学，努力咬牙写了一本书，叫《什么是数学》，希望能给所有人一个关于数学的全景介绍。这本书的一个非常重要的特点，就是它用最浅显的语言讲最深刻的东西，但是它并不试图去回答什么是数学，作者就是努力勾引你去把这本书看完。因为如果你能把这本书看完，你就会对什么是数学有一个自己的回答。所以我觉得这本书光从组织方式来说，都是特了不起的一本书。

这本书就勾起了我细想什么是物理。法国人写过《什么是电影》，托尔斯泰写过《什么是艺术》，我们中国的网站上也有人说什么是医学，那位作者说"医学是一门什么都不确定的科学和什么都可能的艺术"。这话有理，如果你生病了去医院，很少会有医生能说清楚你到底得的什么病，这个病的病理到底是什么——什么都不确定。

参考这句话，我觉得可以给物理学一个定义：物理学是一种什么都想理解的渴望，或者是一种野心——在理解的基础上，人类还凭借物理学创造。

今天我们生活在一个用技术支撑起来的高度发达的社会，而支撑我们这个社会的高度发达的技术，如果仔细检查一下，会发现它们的基础差不多都是物理学。比方说，今天地球表面有70多亿人口，还能吃饱饭，那是因为有化肥。发明合成化肥的方法当然是化学家的事情。可是你知道产生化肥最关键的是催化反应，那里是物理发挥作用的地方。还有我们使用的手机，里面处处都用到物理学的基本知识。

那么物理到底来自哪儿？《生活大爆炸》里 Sheldon 博士说大约开始于公元前 600 年前的某个仲夏夜。我想他指的可能是古希腊米洛斯岛上的这位先知泰勒斯。

泰勒斯有一天突然明白了，这个世界并不仅仅是由神控制的，而且是人可以理解的。我想这应该不仅可以看作物理学，也可以说是人类主动性认知的起源。从那时起，物理学就一直在往前艰难地前行着。物理学经历了差不多 2600 年，到今天才大约有一点点科学的味道。如果你用物理学的标准去看某些别的学科，鲜少有能达到"科学"的高度。

那么物理到底是个什么样的事业？唐朝的杜甫老师给了一个非常简单的定义"物理固自然"——物理就是关于大自然的事情。在西方语言里"physics"这个词源于希腊语 φύσις，也是"自然"的意思。这些都注定了物理学所关切的现象就是这个大宇宙里面发生的任何事情。所以大家千万别把自己的眼界只就是限制在所谓的"凝聚态物理"，不要以为你学凝聚态物理，气体理论、等离子体物理就可以不用懂。物理所的等离子体方向死了是一件非常可惜的事情，物理所有很多人在从事各种气相法生长薄膜，炉子里面在点燃着等离子体，可相当多的人一辈子也不懂啥是等离子体，就在那儿瞎忙活，这其实很可惜的。物理学的性质是用思想去理解世界、认识世界、创造生活，它的研究对象是 everything，所以说不管对自己将来的研究，还是对自己的认知，都不要首先去加一个莫名其妙的限制，你一定要记住一个物理学家，它的研究对象是这个宇宙里所有的存在。

如果从空间尺度上来说，也能注意到物理学的野心。它研究的内容大到整个宇宙，小到世界上最小的存在——中子和质子里面的夸克结构，甚至更小。到目前为止，物理学家触手去碰到的尺度，小到这一次的所谓的"引力波探测"——把手伸到了 10^{-21} 米的分辨率；大到目前我们号称能够观测的范围大约是 65 亿光年，大家可以想象这有多大的范围，这是物理学家伸手触碰的空间尺度。

在时间尺度上，物理学既研究宇宙的整个历史，也研究发生在很短时间内的事件。从整个宇宙诞生到现在一共约 137 亿年，一直到目前为止物理学家能够拍电影做视频的时间尺度是 10^{-15} 秒。现在我们的脉冲光学在光学实验室能够实现的脉冲是 10^{-18} 秒的量级。当然，理论物理学家会走得更远，他们把时间最小的尺度又延伸到 10^{-21} 秒。

我们研究最微观的世界，可能需要的是最宏观的关于整个宇宙的知识。所以西方物理学界给物理学一个形象——贪吃蛇。贪吃蛇的蛇头，就是宇宙层面上的物理问题；蛇尾，是基本粒子层面上的物理。最宏观的头，衔着它最微观的尾巴。

在这样一个彼此关联又相互独立的领域中，我们对自己所做的事要有认知。比如说导师给你个样品，你扫了一个莫名其妙的谱然后不管结果对不对，交给导师就完事了，这是最低层面的基本认知过程——啥都没获得。高层面的认知有一个很重要的能耐，就是能够预测。狄拉克曾思考怎么把 X^2+Y^2 分解成 $(\alpha X+\beta Y)^2$ 的形式，这在我们的数学老师看来是不可能的事情，但狄拉克就愣是把它分解成了完全平方项，从而构造出了相对论量子力学，知道相对论波函数应该是四分量的，然后就预测到这个世界上存在反粒子。再举一个例子，研究中子分裂成质子加电子的过程中，人们发现动量和能量有点不守恒，许多人要因此放弃动量守恒和能量守恒，又是刚才那位年轻的天才泡利说（大意）："我坚信物理学遵守能量和动量守恒。如果能量、动量不守恒的话，那一定有一个调皮捣蛋的家伙给带走了一部分，而你不知道，你看不着它而已。"于是，泡利预言了中微子的存在。像这样通过理论进行预测的物理学家，才是了不起的大家。

但还有人比这水平更高，用简单的一个原理就构造了一整门科学。现在网上有一些很流行的话，比如"任何不以结婚为目的谈恋爱都是耍流氓"，虽是调侃，但是这种表达方式恰恰就是我们热力学奠立的最根本的基础。如果大家有能力去读 1824 年卡诺建立热力学的第一篇法文文章，你会发现卡诺原理就是最基本的一句话"任何不以做功为目的的热传导都是浪费"，这句话是热力学最根本的原理。这个原理出世十年以后，才有克拉珀龙（Benoit

Pierre Emile Clapeyron）在 1834 年读懂了，画出了卡诺的理想热机的循环。他在这篇文章的最后还随手甩了一句话，说"如果对于任何一部热机，不以做功为目的的热传导都是在浪费的话，那么灶上面那个正烧开水的壶，它最大的浪费的地方不在壶里面，而在炉子和水壶的交界处。"而这样一句话等了约 50 年以后才终于被一位工程师狄塞尔（Rudolf Diesel）读懂，如果最大的浪费是在炉子和灶的界面上，那么好的热机就不应该把炉子架在灶上，而应该是把灶建到炉子里面，从此我们的世界上有了内燃机。这些人才是真正的有大学问的人，这些学问才是物理学里面最该学到的东西。

现在社会上有人提到了学物理也要学人文，好像物理不是人文似的，好像他们知道学物理的该怎样也学人文似的。其实物理学家天生就应该是哲学家，看起来不像哲学家的人也不好意思说自己是物理学家。为什么呢？因为从一开始，按照安得洛尼柯把亚里士多德关于这个世界的一些思考分成了两部分编成了书，前面一部分都是关于自然的就叫 Physics，后边一部分，大概有一点胡说八道的就放到 Physics 后面，叫 Metaphysics（字面上就是物理后），被中国人翻译成了形而上学。Metaphysics 到了 19 世纪，经过康德把里面的神学内容抽取了以后才有了哲学。现在欧洲相当多的大学里面，当你获得一个物理博士的时候，拿到的还是自然哲学博士学位（By the way，鄙人很荣幸地拿到一个自然哲学博士学位）。所以如果大家觉得自己的热力学许多内容不知从哪里来，尤其什么绝对零度不能达到的等，你去读读康德的《纯粹理性批判》，我负责任地说康德比你们的物理老师清楚。这里我还想提醒大家一句，我在复旦的哲学大讲堂上跟学员们解释，不要把哲学家康德理解成某些地方哲学系里的教授，哲学家康德首先是个数-学-物-理-教-授，professor of mathematical physics。

物理学的一个很重要的功能是描述，描述就需要用语言，而物理学最基本的语言是数学。其实数学和物理之间的 interplay（相互作用）过去在相当多的人身上是分不清楚的。比方说这位了不起的法国人庞加莱（Henri Poincaré），他是法兰西学院下面五个 académie（学院）的院士，是数学院士、矿物学院士、语言学院士、法学院士和 académie française（科学院）的院士（休息十分钟，膜拜下！）。艾米·诺特女士只是一个讲师，她爸爸是著名的数学教授，她在哥廷恩大学跟着希尔伯特。我前面说过她 1918 年 5 月 18 日发表的那篇论文《论变换的不变性》奠立了整个近代理论物理的基础。各位如果想把物理学明白，尤其是理论室的同学，有空的话好好去琢磨那些群论啊、规范场到底都在说什么，其实就只有一件事情：物理学研究的是变化里面的不变性。人家这篇数学论文简单的一个题目，就把物理学的关键思想给说清楚了。

但是要求物理学家跟数学家一样去学会那么多数学，确实不是一件容易的事情。据说希尔伯特说过一句有名的话"物理对于物理学家来说实在是太难了！"他为啥这么说呢，因为他知道物理需要用到很多数学，而那是物理学家难以掌握的。但是大家也不要因此就觉得自惭形秽。反过来我们也可以说，关于方程——或者关于数学——的美还真不是数学家能看出来的。真正美的数学一定是反映了我们这个真实的物理世界，那还真得要用物理学的眼光才能看出来它美在哪儿。

我们本科时候基本上学过的方程就是这些，从简单的牛顿力学经过理论力学的哈密顿雅可比方程，就可以凑出一个量子力学的薛定谔方程。此外还有简单的微分 1- 形式的热力学主方程，电动力学的麦克斯韦方程组，由其而来的狭义相对论；量子力学除了薛定谔方程，处理电子的问题有泡利的两分量形式和狄拉克的四分量形式，另外还有一个独立的广义相对论。但是我相信我们的大学本科好像没能够提供这么多的课，至少我上大学时没学到这些。同学们如果觉得自己还欠缺一点的话，平常工作的时候手边随手带本书慢慢补一补。

除了数学基础不够外，我们欠缺的，还有一些思维方式方面的东西。比方说了不起的天才麦克斯韦（James Clerk Maxwell），据说他十二三岁的时候也被父亲撺去从画鸡蛋开始学画画，但蛋实在太难画了。达·芬奇因为擅长画所以坚持画了下去，许多人不会画呢就干脆不画了。可是，恰恰麦克斯韦想的是，如果先把这个鸡蛋的方程写出来会不会就好画一点了？这是一种思维方式的不同，换个角度去思考。那么怎么画鸡蛋的方程呢？先从一个近似的形状椭圆出发，椭圆方程是 $L_1+L_2=C$，可是如果只把椭圆的方程看成这个数学方程 $L_1+L_2=C$ 的时候，你就把它物理的内涵给丢掉了。这个方程正确的写法应该是 $1\times L_1+1\times L_2=C$，这个"1"是不可省掉的，因为这两个"1"告诉了我们椭圆关于两个焦点的对称性，决定了椭圆的两侧一样大，所以只要把其中一个"1"给赋予不是 1 的数值，画出的图像就一头大一头小了，那就是鸡蛋的方程。麦克斯韦在 13 岁的时候很轻松地写出这个方程 $L_1+a\times L_2=C$，a 只要不等于 1 鸡蛋就一头大一头小。所以他爸特兴奋，请一个数学教授把这个结论写成论文提交给了苏格兰皇家科学院。皇家科学院乐疯了，有数学家能写出卵形线方程来了，我们一定要请他来作报告。第二年春天科学院门口，一辆小马车送来了一个穿花格子呢裙子的小男孩。今天各位是我们拿大轿车给请到物理所来的，期待各位什么时候也可以给我们作个关于某个重大发现的科学报告。我等大家，耐心地。我拿自己的工资请你，请你不要嫌少。

麦克斯韦方程组

$$\oiint D \cdot dS = q_0$$

$$\oint E \cdot dl = -\iint \frac{\partial B}{\partial t} \cdot dS$$

$$\oiint B \cdot dS = 0$$

$$\oint H \cdot dl = I_0 + \iint \frac{\partial B}{\partial t} \cdot dS$$

麦克斯韦这样一个了不起的人，当他成年进入物理学研究的时候做出了更多的贡献。我们都知道的电磁感应定律，四个定律都是左边一项右边一项，但是当麦克斯韦把这四个方程写在一起的时候，他就知道这个方程从数学本质上来说哪里不自洽了。于是他在第四个方程的右边，加上了一项，就是所谓的位移电流。位移电流的加入让杨振宁先生都觉得特别痴迷，所以前年杨振宁先生在 93 岁的高龄还专门写了篇文章探讨麦克斯韦加上位移电流这一项的时候到底是怎么想的，大家可以去好好读读。当然麦克斯韦不仅仅会推推公式，他还做实验，不光给出了三原色理论，并且在物理上验证。人类的第一张彩色照片就是他拍出来的。

物理学家是天生的语言学家。了不起的英国人托马斯·杨（Thomas Young）给出了双缝干涉的解释，但他的职业是医生，业余当个物理学家。以后你们学固体物理、弹性力学的时候会遇到更多关于托马斯·杨的发现。当欧洲的强盗们在埃及挖出一块黑乎乎的石头（罗塞塔石碑）上面有三段古文字的时候，那是古希腊古埃及文字，谁也不认识，他们没有去找语言学家，而是来请教这位物理学家。我们熟悉的哈密顿量对应的那位 Rowan Hamilton（罗文·汉密尔顿）先生，大约在 13 岁到 14 岁的时候就学会了从英伦三岛各种方言、经欧洲大陆的语言、小亚细亚的语言、阿拉伯语、波斯语、一直到印度语。后来，他突然明白了欧洲的语言是从印度北面来的，于是提出一个重要的语言学概念，叫印欧语系。这些奇迹，都是人家的物理学家在十几岁时做下的事情。

物理学家一定要养成思考的习惯。说起薛定谔，我们学物理人想到的是薛定谔方程，很多社会上的人科普看多了，提起薛定谔就想起了薛定谔的猫。但是薛定谔的猫是他 1935 年那篇论文里讲述如何建立起微观状态的宏观对应物或者标签的，根本不是那些科普作家写的东西，各位同学如果想谈论薛定谔的猫，一定要花时间去读人家 1935 年那篇论文的原文。我们始终错误地以为薛定谔是一位物理学家，其实薛定谔首先是一个文化学者，他为了把古希腊文化带到德语文化里面花了大量功夫，并且因为保护法国南部普罗旺斯（Provence）的诗歌，还获得过联合国教科文组织的大奖，做物理对他来说有点业余的意思。当他 1944 年在苏格兰住着的时候给了六个讲座，攒到一起写了本小书叫 *What's Life*（即《生命是什么》），他想到的是生命和无生命物体区别到底在哪儿。作为物理学家他做了两个简单的预言：一是生命一定存在能够存储信息、传递信息的一个东西，后来证实了生命的确有DNA，别人因此获得了 1957 年的诺贝尔生理或医学奖。二是如果存在传递生命信息的东西，首先它不能是晶体，因为晶体能编码的容量很小，同理它也不能是气体和液体，所以说它一定是个准周期的（aperiodic）结构。1984 年Schechtman（达尼埃尔·谢赫特曼）在铝锰合金里面发现了准晶结构，因此获得了 2011 年的诺贝尔化学奖。这才是一个物理学家对世界的影响，对其他学科的影响。

物理学家作为一个思想者，若以"华山论剑"来评价物理学家，如果到最高层次上我还在跟你拼力气的话，那就丢人现眼了。高手只要比画两下、放下几句话就足够了。最高层面的物理学家不应该是解决问题的，而是发现问题甚至是去制造问题的。诺贝尔奖得主莱德曼（Leon Max Lederman）有一句很有名的话，"如果宇宙是答案，那么关于这个宇宙的问题是什么"，如果不是把物理学做到相当深刻的层面，是想不出来问"关于宇宙的问题是什么"的。我们化学所有一位年轻的院士，做亲疏水、亲疏油的工作，在发了一堆 *Nature*（《自然》）、*Nature Materials*（《自然材料》）后，有一天他才提出了一个问题"鱼为什么在多么脏的水里都是干净的？"，这个问题你会错误地觉得很浅显，但是如果不是把学问做到那个份儿上，你永远想不起来这个问题。大科学家的最高境界是发现问题甚至是制造问题，因为如果要提出一个有真正科学价值的问题的话，需要你一定要把科学做到一定的境界。大家可以慢慢培养这种能力。

但是光说不练是假把式，真正的物理学家还应该是实践者。我们知道电磁学存在屏蔽现象，可是你敢不敢穿着金属丝编的 T 恤，外面加一个大金属壳，中间加 50 万伏高压坐在这儿思考？

物理学可能是来自生活的一个简单的问题，但这其中要灌入我们的思考才可能产生真正的物理学。物理是一门积累的学科，所以各位一定要耐心，我们不能像人家做生物的，进实验室两个月学会基本技能过两年发几篇 Nature，或者说学编程的，学的东西三年不用基本上就废了。物理学是一门积累的学科，此前发展的物理学包括那些错误的东西都有用，所以说我们学物理的人不能急切指望成才，而且物理学本身的进展也要求不能急功近利。

我讲一个简单的问题。爱迪生发明了电灯，灯泡灯丝只能用碳丝和钨丝，因为碳丝和钨丝最黑，那么为什么我们为了寻求光亮反而去找最黑的物质，这里面就不仅有哲学问题，还有物理问题。物理学家就去研究黑体辐射（黑体辐射曲线当然该是炼钢炉的产物），根据实验曲线，有个叫普朗克的热力学老师就瞎凑了熵和内能关系得出这样一个公式，从这个公式出发得出一个函数解就能和实验曲线匹配好。匹配完之后他又试图去给这个东西找道理，他要用统计物理去得出同样的公式。大家知道统计物理玩的就是把 N 个球放到 P 个盒子里，这些值永远都应该是整数，所以说他就要求 $U/h\upsilon=N$ 是个整数。结果，用统计物理他竟然神奇地也得到了这样的一个曲线，就是说从两个完全不同的假设出发竟然能得到了同样的一个很复杂的，但是完美地拟合了实验结果的函数，所以就必须去严肃对待 $U/h\upsilon=N$。如果一个量除以另一个量等于整数的话，那除的那个量，除数，就应该是前者的单位，这最后竟然导出了能量有基本单元这个结论。这就是能量的量子化问题。

接下来导出了量子力学，但量子力学也没解决灯泡的发光发热问题。1950 年前后科学家把量子力学用到晶体上，让我们知道了什么叫导体、绝缘体。知道了什么叫导体、绝缘体，就提出了半导体的概念。于是在 20 世纪 60 年代至 90 年代一直到现在，我们都玩命去发展半导体科学和半导体技术。最简单的半导体技术就是我们小时候抱着的那个收音机，收音机干脆名字就叫半导体。在 2000 年前后，我们终于做出了一个半导体结构，把大量的能量都用来发光，发光了以后还挺凉的这样一个冷光源，解决了 1850 年前后遭遇的这个"发热还是发光"的问题。这是一个技术层面上提出的问题，灌入了物理学的思考后产生了量子力学这样一门彻底改变了世界的学问，用了 150 年左右的时间才终于解决了这个问题。

所以说大家一定要记住，物理学不是急功近利的学问。不管是物理学的进展，还是对自己的培养，都得沉住气。就算我们没有多大的野心，也要对社会有所贡献。那么学会一点物理，哪怕是一个简单的实验，对于社会都有很大影响。比方说，第一届诺贝尔物理学奖给的就是关于 X 线的发现，当年居里夫人也开着救护车，在战场上用 X 线给伤兵检查，居里夫人伟大的人格我们应当铭记。还有后来的核磁共振、CT 扫描都是从物理实验室搬出去的，学会一门实验将来哪怕到一个大医院工作其实也很好。

物理学改变了我们的生活方式。在信息领域，我们从简单地把声音信号转换成电信号再转化成声音信号（电话），到我们用电感、电容元件去玩无线电信号，再到光纤通讯，一直到今天有互联网。大家可能都听说过互联网的技术是起源于要给理论物理学家提供便利，因为粒子碰撞实验产生大量的数据，每天用 9 针或者 24 针的打印机那要打印成卡车的数据运到理论物理学家门口，让他们计算。这逼得实验室的工程师们不得不想办法把实验数据用电信号的形式传递到理论物理学家的办公桌上，这才有了 Email。其实 Email 好像在 20 世纪 70 年代初就有了，但是这个利用价值太大所以立马被封锁了，直到 20 世纪 80 年代末 90 年代初才重新回到民间。中国的第一个 Email 是 1986 年从高能物理所发出去的。这些都是物理改变世界的地方。

物理学也会改变我们的认知。如果大家的物理理论水平不是特别高的时候，请大家一定要踏踏实实地替导师做一些简单的事情。比方说这位夫琅和费（Joseph von Fraunhofer），他是个孤儿，在一个玻璃厂工作。他也没有什么学问。可是人家这地方有最好的玻璃，听说牛顿爵士说拿一个棱镜对着窗户就能发现光谱，夫琅和费拿最好的玻璃棱镜对着太阳光一照，发现根本就不是什么红橙黄绿蓝靛紫的连续波带，而是上面有密密麻麻的各种暗线。作为一个对物理不是很懂的人他能干什么？踏踏实实做事情！他把这 576 条暗线的位置仔仔细细地都标清楚了，从此以后才有了光谱分析的技术，人类发现新元素和分离新元素的速度才迅速提高起来，然后有了新元素，我们才认识到远方的星星到底是什么。比方说，太阳主要是由氢和氦组成，这才有了人类能够所谓认知远方的能力，而这些都来自一个对物理几乎不太懂的一个小学徒的努力。大家不要妄自菲薄，就踏踏实实在这个地方、在接下来的四年里面努力做好一件事情，可能就能够奠定你这一辈子的成就。

当然了，物理学让人觉得非常 powerful，可是作为物理学家首先应该是个人文学家，要懂得物理学既是造福人类的东西，也是一个作恶的工具。作为一个物理学家，可能也在魔鬼与天使之间辗转。大家可能听说过，物理所和德国的弗里茨-哈伯研究所（Fritz Haber Institute）关系很好。哈伯是一个了不起的帅哥，他率先合成氨，使得人类有了化肥才有了今天的繁荣。但是也是这位老兄首先开启了化学战。1917 年第一次世界大战快结束的时候，他在法军的上风头泄漏了 17 瓶氯气，造成了几万人被氯气烧灼的残忍场面。他的做法让他的妻子伊美娃（Clara Immerwahr）非常难以忍受，最后选择了自杀。这就是一位在魔鬼与天使之间的科学家。大家学物理的过程中一旦掌握了某些理论或技术的时候，永远记住物理学家首先做的是人，即便你没有能力成为天使，但也千万不要堕落成魔鬼。

接下来我想说，学物理的过程中一定要想办法把自己的知识整合得系统一点。其实物理学的组织原则就是共轭。想象两头牛的力量要往一个方向使，那么它们俩之间因为这个共轭就有了一套关系，这种关系就是我们物理学里面最需要理解的关系。你会发现热力学是用这种共轭关系组成的。每一对变量比如熵和温度、体积和压强、表面能和面积等都是关于能量共轭的，而经典力学、量子力学等其他地方的一对对变量都是关于作用量共轭的，因此我们也就明白了为什么热力学和其他力学完全不一样的道理在于它的组织方式完全不一样。

当然物理学本身有一些最基本的原理，比方对称性原理。这些原理不仅贯穿于物理，它首先贯穿于存在。不管是对于蜻蜓，还是这张脸，对称性才是它美的地方。对这张脸来说，对称与否不过是漂不漂亮的问题。可是对蜻蜓来说，两侧翅膀对称不对称性是性命攸关的问题。这些也都体现在物理学的构造上。

我个人认为，"物理学是一条思想的河流"。说这句话我是受了马赫的影响。有些不靠谱的科学史家总宣称量子力学是一种革命，还有什么相对论的革命，但马赫说得非常清楚，"物理学里面不存在革命。如果你看到了革命，那是因为你知道的少"。每一种思想都会在之前有人提及或者有它的前驱物。西方物理学家从欧洲的最简单的神学思想，认为世界是上帝创造的，上帝创造用最少的动作，这就是 least action principle，不是我们汉语学的什么最小作用量原理，它就是最少动作原理。懂得这个道理时，然后就写出作用量，有这样一个欧拉–拉格朗日方程，方程再往前推一步和量子力学结合的时候才有所谓的量子力学第三种表述，即路径积分的表述，等等。知道这些思想最起码能帮助我们咬着牙也要把那些特别难啃的物理书读完。

郭德纲有个相声说得好。他说，他很悠闲地说泡上一杯咖啡，撒上点香菜，拿起一本英文报纸看。搭档于谦说英文报纸你看得懂吗？郭德纲的回答是，我当然看不懂，我要看懂我还看它干吗！这听起来是个玩笑，其实对于我们在座各位学习的人来说有非常重要的启发。我建议大家一定要好好去多看那些看不懂的书。一本书你看得懂，你看它干吗？你们现在在读研究生，时间那么紧，你们应该整天忙着去看看不懂的书。

我想可能会有相当多的同学最后会走入非常压抑的状态，我本人就曾经一直感到非常压抑，就是发现物理实在太难了，真学不懂啊。不过，直到1993年的某一天我读了一句话就放宽心了。1990年左右两个化学家发现了室温核聚变。室温核聚变啊，如果是真的，那么我们士兵扔的手榴弹就都是氢弹，大家想想这个局面有多吓人！室温核聚变这篇文章发出来以后，全世界的物理学家就跟苍蝇似的乌泱泱地扑上来做室温核聚变，做了两三年也没有进展（最后就是个大乌龙）。大家知道室温下化学反应，每一个事件对应的典型能量是电子伏特，核聚变每一个事件的典型能量是10^7电子伏特量级，那是十倍百倍的兆电子伏特，这中间光能量上都差六七个数量级。从温度的角度上来看，1电子伏对应11600度，你想想这和室温差多少量级，怎么可能有室温核聚变？可是多数物理学家不懂啊。最后有一位德国马普所的物理学家就做了一个非常重要的总结性评论，说"大家也不要觉得很奇怪嘛，其实这个世界上80%的物理学家根本不懂物理"。其实在座的将来如果有20%能成为懂物理的物理学家，那都是奇迹了。所以说对于物理学这个行当，大家一定要放宽心，千万不要因为过两天学不会物理，然后你就郁闷地跟自己的导师着急、跟研究生处的老师着急，甚至想练练跳楼——不值得！请大家一定要记住，物理学是一门80%的物理学家都根本不懂的学科，不是说你们这些刚踏进门槛的物理博士生，人家说的是那些有头有脸的外国名校大教授可能也许大概根本就不懂，所以请大家千万不要为此太伤心。不懂就不懂吧，好好地踏踏实实地做点事情，毕业了就行。

相当多的人认为学物理很难，比方说有人老跟我抱怨说量子力学难。可是大家如果真的懂了量子力学以后，好好看看量子力学内容的导入，不管是薛定谔方程、自旋的描述、对光谱的理解，等等，所有的东西每一项都来自经典力学。大家想想一个最基本的事实，创造量子力学的人手里只有经典物理，所以量子力学骨子里头全是经典物理学，没有别的。如果你觉得量子力学难，那就难在你没学会经典力学，你经典力学根本就不会，量子力学当然看着难了。为什么欧洲那些创造经典力学的人不觉得量子力学难，像泡利似的高考完了就是世界顶级物理学家了。泡利看相对论也不难，因为他中学就学了协变形式的经典电磁学，你别告诉我你没听说过协变形式。对于21世纪的人，尤其是我们在座的将来要拿物理学博士的人来说，物理学知识真的应该是我们的标配，所以希望大家在物理所有这么好的条件，在接下来这几年的时间里好好做论文，该恋爱恋爱该结婚结婚，但是别忘了一件最重要的事情，多少花点时间学一点点儿物理！

谢谢大家！

于 2017 年物理所研究生开学典礼

第四章

物理的奥秘

这是 99.9% 的人没听说过的神奇悖论

作者：王　恩

在这个撸猫成风的年代，薛定谔的猫也跟着成为了大概是猫史最有名的猫之一。

虽然现在提起它，刷刷猫猫表情包的时候人们大概只是想要戏谑和玩笑，但是在科学史上，那个盒子里藏着光怪陆离的量子理论和量子的世界，人们对薛定谔的猫这个悖论的手足无措，恰好反映了当时人们对于微观和宏观、确定性和不确定性以怎样的方式相互作用并纠缠在一起的困惑。

在科学发展的漫漫长河之中，人们对于概念的困惑并不只有这一个，因此提出的悖论也层出不穷，比如飞矢不动、麦克斯韦妖、薛定谔的猫、双生子佯谬等。今天的我们来看看，关于悖论，除了薛定谔的猫，还有哪些神奇的东西。

☀ 克莱因悖论

熟悉量子理论的话都知道量子隧穿的概念，利用量子力学进行模拟，一般的波包在经过势垒的时候，除了会发生反射，还会发生透射。正如《崂山道士》里仙人教授的那招穿墙术——微观的粒子具有穿墙术，有机会能够跨越能量的崇山峻岭，来到山的那一头。当我们把一个粒子甩向墙壁的时候，薛定谔方程一般会求解出粒子有一定概率在界面会发生反射——形象点理解的话，这个崂山道士学艺不是很精，穿墙还时灵时不灵的。

关于穿墙的传说，古往今来都有很多

在 1928 年的时候，狄拉克提出了狄拉克方程，把狭义相对论引进到了量子力学当中，并预言了正电子的存在。克莱因用狄拉克方程求解了上面提到的量子隧穿的问题，结果惊人地发现，对于无质量的、遵守狄拉克方程的粒子而言，在一定条件下，势垒对它们而言是透明的。这意味着，这些粒子的穿墙术有着 100% 的成功率。

对于有质量的、遵守狄拉克方程的粒子而言，面对势垒，粒子大部分时候都还是保持了部分穿透的特性。可以想象，当势垒比粒子本身的质量（质量与能量通过质能方程进行换算）大得多的时候，我们就回到了无质量的情形，粒子面对越来越高的势垒，反而越来越接近 100% 透射。你墙壁加得越高，跑出来的概率也变得越大。

克莱因悖论并不只是一个理论模型的计算，实际上它还打过卢瑟福的脸。在卢瑟福做完了金箔的 α 粒子的散射实验，发现原子内部大部分都是空的以后，还对 α 粒子进行了长期的研究，最后发现了原子核中，一部分是由质子构成的。他在 1920 年发表题为"原子的构造"（The building up of atoms）的演说，提出原子核是由带正电的质子和带负电的电子所组成的。

原子核真的很小。按照卢瑟福最初的设想，想在原子核那么小的地方里关住电子，就像束缚越多越反叛一样，束缚越多这些电子就跑得越厉害。假如原子核内只有质子和电子，根据克莱因悖论，电子大概早就跑干净了，卢瑟福的原子核模型不攻自破。直到 1932 年，查德威克发现了中子，人们才最终明白原子核是由质子和中子构成的。

☀ 亚里士多德圆轮悖论

在古希腊的时候，亚里士多德考虑了一件很好玩的事情。我们搞两个直径不相同的圆轮，把它们的圆心重叠在一起，在地面上做无滑动的纯滚动时，可以看到，两个圆的底部各自都划过了一条直线。两个圆的周长显然并不相同，但是两个圆的底部却划过了相同的距离，这确实是一件令人头大的事情。

当然，你如果觉得上述的滚动说法实在不是那么好理解的话，你也可以想象从两个圆的共同圆心处引出一条射线，依次与内圆和外圆相交。这意味着对于内圆上的任何一个点，我们都能找到外圆上的唯一的一个点与之对应。从"朴素"的数学观点来看，就像聚沙成塔一样，如果两个沙堆里的沙子都是一一对应的话，那显然这两堆沙子应该一样大才对。然而内圆和外圆周长，真的不一样啊。

无独有偶，伽利略也思考过这个问题。伽利略走的是无穷逼近的路子。如果我们考虑的不是两个同心的圆，而是两个同心的正六边形的时候。在正六边形不断翻转的过程中，我们可以想象，下面的轨迹会被大的正六边形的边完全覆盖，但是上面的那条轨迹，会被跳着被小的正六边形的边接触。如果我们考虑极限，那么亚里士多德圆轮悖论里面看似一样的两条轨迹，实际上下两条轨迹并不相同。假设我们有一个"足够大"的放大镜，我们可以看到在图中蓝色滚轮那条轨迹里面到处都充满了空洞。

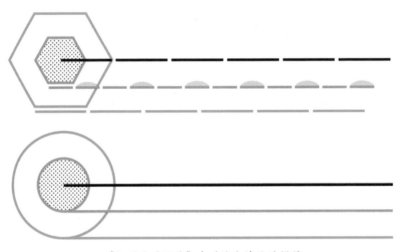

《伽利略对话录》中对这个悖论的阐释

上述的这些关于无穷的思考启发了康托尔发明了集合论，就像在论证偶数的个数等于整数的个数那样：将所有的偶数除以 2，就得到了所有整数；把所有的整数乘以 2，就得到了所有的偶数；每个整数都唯一对应了一个偶数。

亚里士多德的圆轮上的点的数量也确实是相等的。但是点的数量和周长之间并没有什么绝对的关系，而这样也正是让我们思考得最为困惑的地方。因此，数学家们还发展了测度论，用来对长度、面积、体积进行严格数学定义。通俗地说，测度把每个集合对应到一个数来规定这个集合的大小：空集的测度是 0；集合变大时测度至少不会减小（因为要加上变大的部分的测度，而它是非负的）。

看了两个悖论之后，有没有觉得关于悖论，人们真的是充满了无穷无尽的好奇心和想象力！再比如，在空中永远能够灵活翻身脚着地的猫（高空坠落对猫咪依旧会造成伤害，不要尝试！不要尝试！不要尝试！）；涂了黄油的面包永远是黄油那面着地……

当然，猫咪翻身来源于翻正反射。喵们通过折叠自己身体，使得前半身和后半身在不同的轴上旋转，从而达到了在空中角动量守恒的情况下身体翻了个个。这是发表在 1894 年 Nature 上的研究结果，你们可别笑。真的，悖论就是这么充满吸引力，下面咱们接着聊。

☀ 理查德悖论

理查德悖论是在 1905 年时，由法国的一个中学教师理查德发现的。这个悖论说的是这样一件事情，我们考虑一个能够用来定义整数的算术特征的语言，比如汉语。我们可以用语言"第一个自然数"来定义数字 1。又比如我们熟知的质数的定义——如果这个数"只能被 1 以及它自己整除"，那么该数字是一个质数。

每个人都能找到一些数字的特征，所有这些定义的数量是无穷大的。但是我们可以注意到，每个特征的定义都是由有限多的字组成的。因此我们可以把这些定义首先按照其字数多少进行排序，然后按照其字典顺序（或者按照其对应的编码的大小）定义排列成一串。

如果我们将每个定义映射到一个数上，让排在最前面的定义映射到 1 上，第二前面的定义映射到 2 上，等等。每个定义都有一个号码。

比如在某种定义的叙述下，"只能被 1 以及它自己整除"这个定义对应的号码恰好是 11。而且 11 本身也只能被 1 和它自己整除，因此该定义的号码具有该定义的特征，我们称 11 不具有理查德性。但是"定义对应的号码满足该定义"这一点不一定总是正确的。比如假如"第一个自然数"对应的号码为 4，那么它的号码与它定义的特征不同，这个数就是理查德性的。

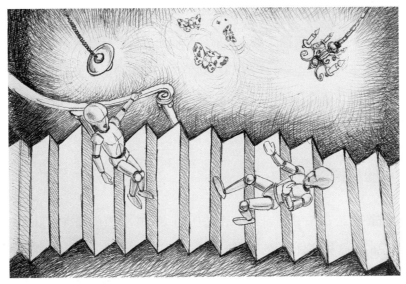

悖论的产生

但是因为理查德性本身是一个整数的特征，因此它也在被列举的定义之内。按照理查德性的定义，它本身也有一个号码 n。现在这个悖论来了：n 是理查德性的吗？假如 n 是理查德性的，那么按照定义它没有第 n 个定义所描述的特征，也就是说 n 不是理查德性的，这和我们的假设相反。

而假设 n 不是理查德性的，那么它拥有第 n 个定义所描述的特征，也就是说它是理查德性的，这也和我们的假设相反。因此"n 是理查德性的"既不能是正确的，也不能是错误的。

这个悖论产生的原因在于混淆了数学（如算术）和元数学（如一个定义的写法）的概念，这迫使人们仔细地区分这两者之间的区别。

☀ 罗素悖论

"我说的这句话是假话。"

估计很多人都玩过这个，让你判断这句话的真假：如果你说这句话是假话，那么就是肯定了句子的否定形式，即"我说的这句话其实是真话"；如果你说这句话是真话，那么就是肯定了这个句子，也就是"我说的这句话是假话"。可以想象匹诺曹说出这句话时候的样子，你觉得他的鼻子到底是缩短还是变长呢？但实际上关于这句话到底是真是假学界内还有诸多争论的地方。

上面的论述被称为说谎者悖论。与之形式类似的还有很多，比如，上面刚刚提到的理查德悖论，贝里悖论等。这些命题表面上没有循环，但实际上在兜了一个圈子以后又转回了原点，作为总体的元素、分子和部分反过来直接指称总体，或者直接用这个总体来定义。

而我们经常提到的差点让数学大厦崩塌的罗素悖论，人们又常把它和理发师悖论联系起来，这其实是不够准确的。理发师悖论和上面的说谎者悖论的结构相似，对于一个"只给不能给自己理发的人理发"的理发师，无论他要不要给他自己理发，都会导致矛盾。

如果你说就这么提出一个奇怪口号的理发师就能把数学颠覆了，确实不太对。这个悖论实际上告诉我们这样的理发师在现实生活中不能存在罢了。而罗素悖论的核心在于，其颠覆了人们对朴素的集合论的认知。

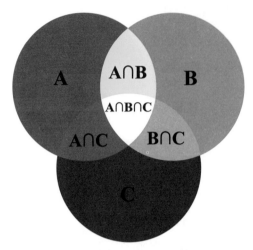

用来形象表示集合的维恩图

朴素的集合论认为，对于任何一个合理的性质 P，都存在一个集合来刻画它，这个集合由所有满足 P 的对象构成。罗素首先定义一个性质 P："不属于自己"，然后定义一个集合 S，这个 S 就是满足 P 的那些集合构成的集合。集合 S 就成为了那个尴尬的理发师，既属于自己又不属于自己。

所以理发师悖论只是罗素悖论的一部分，问题的根本出现在集合的定义上。

☀ 希尔伯特计划

关于数学基础，公理系统相容性的严谨证明，德国数学家希尔伯特曾经有过一个大胆的想法。他提出了希尔伯特计划，希望为全部的数学提供一个安全的理论基础。

所有数学的形式化。意思是，所有数学应该用一种统一的严格形式化的语言，并且按照一套严格的规则来使用。

完备性。在形式化之后，数学里所有的真命题都可以被证明（根据上述规则）。

相容性。运用这一套形式化和它的规则，不可能推导出矛盾。

保守性。如果某个关于"实际物"的结论用到了"假想物"（如不可数集合）来证明，那么不用"假想物"的话我们依然可以证明同样的结论。

确定性。应该有一个算法，来确定每一个形式化的命题是真命题还是假命题。

所谓梦想很美满，现实很骨感，哥德尔向你扔出了哥德尔第二不完备定理，对于一个包含皮亚诺算术的形式系统，该系统的相容性不能在系统内部证明。这里"包含皮亚诺算术"是指可以推出描述自然数的命题的系统。不完备定理说，你总能在这个系统中，推出一个命题，以及它的否定。

也就是说，总有那么一些定理，你既可以说它是对的，也可以说它是不对的。

☀ 结语

在上面提到的悖论里，可以分为逻辑上的和语义上的这两类。比如公理系统内的矛盾导致了罗素悖论，我们需要去完善作为基础的公理。语义上的矛盾可以通过符号语言防止，在那样的符号语言中，无法表述叙述同一语言的表达式，这样也就避免了自指语句的出现。

以上我们粗浅地浏览了几个从物理上、历史上的所谓"悖论"，到现代数理逻辑中的悖论；有的悖论只是出乎人们的意料，有的悖论来源人们对难以理解的概念——诸如无穷大和无穷小——的疑惑，有的悖论深深地根植于人们发展起来的公理系统中。

尽管它们把这个看似很美好的世界无情地打破，但是这又何尝不是探索这个过程本身呢？我们能做的是：

在这个矛盾重重的世界里，

永远保持一颗好奇心，

大胆猜想，小心求证。

4.2

你看这"UFO"，它又大又圆，不如我们……

作者：李杰民

相传，在世界各地，分布着一个一个的"UFO"。它们不光拥有着神秘的外形，而且能让电子在磁场的魔力下转圈圈。它们能窥探物质内部的各种"魑魅魍魉"，让各种"妖魔鬼怪"无所遁形。江湖人称"火眼金睛"！

传言暂放一边，让我们先来看一个世界上比较有名的同步辐射。

美国布鲁克海文国家光源中心

啥，怎么长得像 UFO 一样？莫着急，且听咱们下面娓娓道来。

飞碟

☀ X 射线简介

鉴于这些大家伙与 X 射线有关，所以咱们就先解释一下啥是 X 射线。X 射线，顾名思义就是未知的光线。因为当初发现它的时候，伦琴也不知道这是什么东西，故而名之以 X 射线。

本质上，它属于电磁辐射家族成员之一，只是它的波长非常短，与蛋白质分子、原子等大小相当。波长短意味着频率高，而频率高意味着它携带的光子能量比较大（请自行脑补荣获诺贝尔奖的波粒二象性），以致能够破坏分

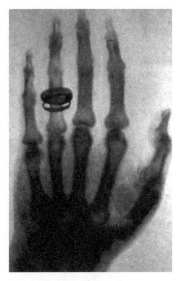

第一张 X 射线图像：伦琴夫人的手骨及戒指

子间化学键。对人体而言，过量地接触 X 射线会致使体内的蛋白质结构遭受一定的破坏，因而有害健康。当然啦，医院里使用的 X 光机拍片都是在人体安全范围内操作的，要相信咱们的医护及科研人员所做的努力。

既然有害于健康，为啥还要发展它？实际上，X 射线除了能帮助医护人员提前诊断人体内的一些病症，它在工业、医药及科研前沿等其他领域也无时无刻不在造福着我们。比如，借助其在材料内部穿透深度比较大的特性，人们利用 X 射线检测所生产金属器件的内部完整性；通过研究医药大分子的结构，科研人员能够研发出更具有针对性的药品。所以为了充分利用 X 射线的优势，自从其被发现以来，人们一直想方设法地得到品质优良的 X 射线。

☀ X 射线的两种产生方式

目前比较常见的产生 X 射线装置有两种：一种是用高能电子轰击金属，电子在打进金属的过程中急剧减速，按照大名鼎鼎的麦克斯韦方程，减速的带电粒子会辐射电磁波，如果电子能量很大，比如上万电子伏特，就可以产生 X 射线。这是目前实验室、工厂和医院等地方用的产生 X 射线的方法，该方法产生的 X 射线能量比较单一，同时亮度也一般比较弱。另外一种就是咱们这篇文章的主角——同步辐射 X 射线装置。

类似于雨中快速转动雨伞，沿伞边缘的切线方向就会飞出一簇簇水珠。20 世纪初，人们预言真空中接近光速运动的电子在磁场中做曲线运动时，由于洛伦兹力所施加的向心加速度的存在，电子也会沿着弯转轨道切线方向发射连续的电磁辐射；随后在 1947 年，美国通用电气公司的一名工人在调试70 兆电子伏（MeV）的电子同步加速器时意外观察到了这种电磁辐射。

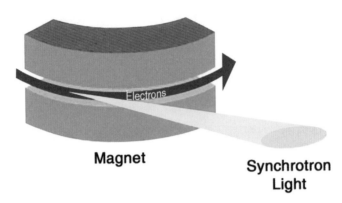

磁场偏转电子辐射

　　由弯铁磁场偏转电子运动方向产生 X 射线的方式被称为第一代同步辐射，为了进一步提升同步辐射产生的 X 射线特性，人们在弯转磁铁之间的直线段插入产生周期性磁场部件（称为插入件），当电子束通过插入件时会被磁场往复、周期性地偏转方向，在近似正弦曲线的扭摆偏转中发出更多的同步辐射光，最后相互叠加出亮度更高的 X 射线。根据插入件的周期以及数目，这种方式又可分为扭摆磁铁和波荡器两种模式，其中扭摆磁铁产生的 X 射线发散角度比较宽同时能量范围也比较广，而波荡器由于致密周期性磁场的存在使得前后产生的 X 射线相干叠加，因而其发散角度非常小同时强度更亮。

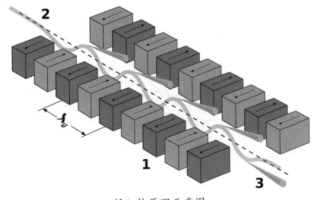

插入件原理示意图

☀ 同步辐射 X 射线装置

依据上述磁铁偏转电子引发电磁辐射的方式，人们建立了现代大型同步辐射 X 射线装置，即一开始电子在直线加速器中加速到 MeV 量级，随后进入环形加速器中迅速提升至接近光速，之后高速的电子进入外围储存环中，最后这些电子通过特制的插入件以释放出一定的 X 射线。这也就是为什么上面显示的同步辐射装置是 UFO 形的。为了最大化该装置的利用，人们在储存环的不同部位通过插入不同的磁铁环境以获得不同特性的 X 射线，进而服务于不同的实验对象。

☀ 同步辐射 X 射线优点

1. 强度高、亮度大

由于多次叠加效应以及可控的电子束流密度，这种大型设备产生的 X 射线强度比医院或者工厂用 X 光机产生的要强上亿倍。

2. 光子能量范围宽

通过调节偏转磁铁之间的相对位置，X 射线的能量可以从远红外区连续变化至硬 X 射线区域，能量横跨 4 个数量级。作为参考，咱们人眼可分辨的光谱范围连一个数量级都不到。

3. 其他特点

这些 X 射线一般还具有比较好的准直性、偏振性及脉冲时间结构，等等。

所有这些优点使得同步辐射装置作为一个大型科研平台能够同时服务

于不同的学科、不同的领域。比如，人们在该装置上可以得到材料的晶体结构，抑或是构成人体遗传物质的 DNA 双螺旋结构以及人体细胞内的离子传输酶三维结构等；利用 X 射线的脉冲特性，人们甚至可以观测一些动态过程，如生物领域的 DNA 复制过程和化学领域的光催化电子转移方式等。

☀ 我国同步辐射装置及相关研究成果

到目前为止，世界上大约有 47 个这样的科研装置运行在 23 个国家和地区。20 世纪 80 年代，在一代伟人邓小平同志的推动下，我国在北京建立了正负电子对撞机并兼用为第一代同步辐射中心，随后紧跟世界发展，我国又陆续修建了合肥第二代同步辐射光源，上海第三代光源及台湾新竹的同步辐射中心。

依靠国内这些先进光源设施，我国科学家如今也已取得了举世瞩目的科研成果。比如，通过研究 X 射线谱的价位变化，物理所清洁能源实验室的科研人员理清了光催化和锂离子电池中的电子转移情况，为我国未来能源存储打下了坚实基础；在基础科研方面，物理所极端条件实验室的科研人员利用上海第三代同步辐射装置产生的优良 X 射线首次发现了材料内部的一些"幽灵"粒子，如外尔费米子等，使得我国在这个领域占据了一定的战略制高点。

为了顺应时代发展同时保持我国在该领域的领先地位，在《国家重大科技基础设施建设"十三五"规划》中，作为优先布局的大科学工程项目之一，坐落于北京怀柔的新一代高能同步辐射光源项目 HEPS 已经开始建设。鉴于该光源各项关键性能指标远高于目前正在运行的第三代同步辐射光源，其也被称为"第四代同步辐射光源"。未来，该光源提供的高亮度、高通量、高准直度、精确可控、能量连续可调的 X 射线将为生命、材料、能源、环境等多种尖端科学研究提供高水平的研究平台。

☀ 关于 X 射线的小问题

1. X 射线对身体有害吗？

作为电磁辐射中的一员，高能量的 X 射线属于电离辐射，即有能力破坏人体的一些组织结构，因而尽量少接触或者避免暴露于 X 射线中。作为对比，手机和电脑等电子设备发射的电磁辐射能量比较低，属于非电离辐射，并且目前尚没有科学研究发现其对人体组织有影响。

2. 生活中有哪些场景会接触 X 射线

在日常生活中，人们接触 X 射线一般是在医院拍胸片或者 CT 扫描。由于 X 射线辐射对人体的危害有一定的阈值，即超过该值，X 射线就对身体产生一定的不良影响。但医院的这些设备都被严格控制在阈值以下，因而不必过于担心类似的体检。

3. 可否参观同步辐射实验装置？

为了增加公众对同步辐射的认识，几乎所有的同步辐射装置每年都会有几次公众开放日，具体信息可直接去其官网上查阅，并提前做好申请准备。

4. 去同步辐射装置参观是否担心 X 射线辐射？

在同步辐射装置中，人们一般利用一定厚度的铅墙来隔离并吸收储存中环释放的 X 射线，所以在有科研人员工作的实验线站附近，X 射线辐射已远远低于人体的阈值。另外，现代的大型同步辐射中心都建立了非常完善的 X 射线防护措施，在同步辐射装置里面的电磁辐射甚至比外面自然环境中的还要低，所以按照工作人员的引导来参观同步辐射装置完全不必担心辐射问题。

和光有关的，五个你不可不知的秘密

作者：王　恩

光，其实可以有很多的含义……比如头发掉光光，或者半点钱没有一直月光……

不过上面这些都不是今天要聊的话题。今天我们要聊的是正经的"光"，还有五个和光有关的你不可不知的秘密。

☀ 在你的手机屏幕里，藏着一个大太阳

现在说起黑体辐射，我们脑子里想到的第一个东西往往是"两朵乌云"。通过对黑体辐射的研究，人们发展起了量子的概念，彻底变革了对于微观的认知。虽然这个故事发生在 100 年前，但黑体辐射的概念，现在也藏在你的手机屏幕里。

黑体是指可以百分之百吸收外界电磁辐射的一类物质。作为一个理想中的概念，实际上在现实生活中并不存在。不过我们可以找到很多和黑体很相近的东西——比如我们头上的大太阳。很多人无法理解，太阳那么亮，为什么我们还要叫它黑体呢？

工匠们在容器中将金属加热并融化吗，经验丰富的工匠可以通过金属的颜色来判断其
大致温度

　　我们可以想象一块金属逐渐地升温。刚开始它还是接近黑色的，但是随着温度逐渐升高，金属也慢慢地冒出红光，然后再升温，颜色变得更偏黄一点。这就是一个典型的黑体辐射。如果我们把太阳不断地降温，太阳也会变得黑乎乎的。

　　其实我们的手机屏幕里，就藏着一个"太阳"。屏幕其实就是一个光源，光源的温度，也就是色温是通过对比它的色彩和理论的热黑体辐射体来确定的。热黑体辐射体与光源的色彩相匹配时的开尔文温度就是光源的色温。色温越高，屏幕越偏冷色调；色温越低，屏幕越偏暖色调。我们很多手机屏幕以 D65 为白色（ 6500K ），也就是色温为 6500 K，好像还比太阳的温度高了那么一丢丢。

☀ 又热又冷的发光效应

在我们的生活中其实有很多超级好玩的发光现象，其中一些甚至到现在科学家都没有给出一个十分合理的解释。我们日常生活中常见的发光光源大体上可以分为两种：热发光和冷发光。

白炽灯是热发光的典型。在温度较低的时候，物体黑不溜秋的并不发光；只有在温度逐渐升高以后才会放出电磁辐射，发光发热。冷发光则在现代生活中更为多见，比如我们平时所用的 LED 灯光，现在的手机屏幕所使用的发光原理，都是冷发光。物体在发光的过程中并不会产生太多的热量，而是大致维持在常温水平上。

在冷发光里，有一类被称为"热释光"的发光效应，有时也被译作热荧光。虽然它名字里带有"热"字，不过却是一种冷发光现象：一些晶体（例如矿物质）在被加热时，原来吸收并储存在晶格缺陷中的能量通过电磁辐射，以光子的形式释放出来。这个现象和黑体辐射还不太一样，黑体辐射是纯粹的热导致的发光效应，和物质的结构没有关系。

热释光效应最常见的用途是，鉴宝。

在考古学中，通过热释光效应可以鉴定陶瓷这一类烧制文物的年代。前面也提到了，热释光由晶格缺陷产生。在陶瓷的胎和釉中含有各种各样的矿物晶体，如石英、长石和方解石等，在经过烧制以后，这些晶体内部排列会比较整齐，缺陷也比较少。但是因为我们的环境中天然地存在很多高能辐射，辐射总体的量虽然不大，但是日积月累之下，晶体内部的缺陷变得越来越多，其热释光效应也就越来越明显。通过观察文物热释电效应的强弱，考古人员就可以确定文物到底是哪个年代，是不是造假的。

通过热释光鉴宝稍显可惜的一点是，目前仍然需要从文物上采集一点样品才能进行分析，属于破坏性的分析手段。当然人们也在试图寻找不破坏就能推断文物年代的方法。

☀ 声致发光

在冷发光中，有一类非常特别的发光现象——力致发光。对很多常见的物体施加特定的力以后，它们就会发光。比如物理所在正经玩玩过的冰糖发光实验，在黑暗的环境下嚼一嚼冰糖，也可以发出幽幽的蓝光。我们平时撕的透明胶带，只要你撕得足够快，也能看到"火花带闪电"一般的荧光。这里提到的两个例子实际上都是因为在晶体断裂的地方或者胶带被撕开的地方，材料结构不对称发生电荷转移所导致的。这里的电压甚至有可能达到上万伏特。

此外，用声音，同样也可以发光。

如今我们已经知道声音实际上是物质结构疏密的周期性变化所导致的。向液体中发射频率非常高的超声波，由于液体来不及响应外界压强的快速变化，会在液体的内部产生小泡泡。而这些小泡泡，就会让液体发光。

用声音导致液体中发光的发光机制被称为声致发光（sonolumine-scence），最早在 1934 年由德国科隆大学的 H. Frenzel 和 H. Schultes 在研究声呐的过程中发现。他们当时为加速相片显影，将超声波发生器放到注满显影剂的水槽中。但万万没想到每当超声波开启时，液体中的气泡便发出光来，二人后来在显影后的底片上观察到一些微小的亮点。

因为声波的频率非常高，流体中声波的能量十分集中，整个发光过程十分短暂，每个闪光的时间大概仅仅为 0.0000000001 秒。这些热点的直径小到 10 纳米，大到 100 微米。为了保证它们的光照强度，在发光瞬间流体内部的气泡这个点需要达到几万度的温度。研究流体中的空穴，人们已经有了很多行之有效的办法，比如 Rayleigh–Plesset 方程式经常应用于研究空穴现象中的气泡，但是对于这些条件极端的空穴，显得很力不从心。

原因在于这些空穴产生得实在太过迅速，而空穴内部气体的组分又十分复杂。目前认为，水中的惰性气体在这里面扮演了一个十分重要的角色。在空穴收缩的过程中，空穴内部迅速升温，游离的电子和惰性气体原子相互作用从而产生辐射现象。

关于声致发光，有人想过，如果空穴内部的压力和温度足够高的话，那能否用它来进行核聚变呢？想法很美满，现实很骨感。尽管有部分研究人员声称他们利用声致发光实现了气泡核聚变，但目前为止并没有人能够重复出实现核聚变实验结果。气泡核聚变之路距离真正实现还十分遥远。

☀ Li–Fi

我们现在的 4G 时代以及已经到来的 5G 时代，上网刷视频看文章用来传输数据都是使用的电磁信号。人们把信号编码在电磁波中，就可以通过电磁波进行远距离的数据传输。对信号编码的方式从根本原理上来说其实就两种——调节幅度、调节频率。因为幅度的英文单词 amplitude 第一个字母是 A，调幅也被简称为 AM；频率的英文为 frequency，调频被简称为 FM。

频率越高，其实就等于对信号做小动作的可能性越大，从而单位时间里面就能传递更多的数据和信息。如果我们把每个单位时间都利用起来传递信息，自然可以想见，频率其实就是信号传输的速率，带宽了。常见的诸如 Wi-Fi 的频率为 2.4GHz，换算过来理论上其传输信号的理论上限就是每秒传输 2400000000 位的数据，也就是千兆量级。

但是，如果我们使用光来传递信号呢？光的频率则要在 Wi-Fi 频率后面再加 5 个 0。理论上，其传递信号的速度要比现在常用的数据信号强非常多。看到这么强大的数据传输能力，怕是不管谁都想要流口水啊。

这个技术目前就被称为 Li-Fi。虽然前景很好，但目前人们在技术上仍旧需要克服很多的困难。

☀ 1 Hz 的"光"你见过吗

前面我们提到了高频电磁波的应用，这时候如果我们往另一个极端走，频率很低的电磁波会是什么样子的？

虽然绝大多数人没见过，也没用过甚低频和超低频的电磁波，但它确确实实发挥了很重要的作用。我们都知道水对电磁波有很强的吸收作用，比如微波炉就利用这一特点来加热食物。这点虽然看上去很好用，但有时候也会造成很严重的问题，比如潜艇的通信问题。在海面以下的潜艇如果想要通信，往往只能上浮到海面上才能打开天线，但是在遇到一些紧急情况的时候，就不能再上浮了，特别是对于大国重器——战略核潜艇而言，更是不能随意上浮暴露自己所在的位置。

幸好水对电磁波的吸收还和频率有关系，对于超低频的电磁波，它们可以直达位于海面 100 m 以下的潜艇。比如美国和俄罗斯等国就采用 76Hz 和 82Hz 附近的典型频率进行通信。

不过前面 Li-Fi 篇也提到了，信号的频率和传输数据的带宽成正比，对于超低频的电磁波，其传递信号的速度是真的慢如树懒，一般来说每分钟只能传输 1 bit 的信息。实际使用这种电磁波传输信号的过程更像是对暗号，花个十几分钟通信只够收到几个字母或者数字构成的代码。

　　频率更低的电磁波还能不能用呢？理论上其实也可以，这些甚至穿透水面几百米指挥更深的潜艇。但是发射电磁波的天线大小和电磁波的频率成反比，超低频的通信已经使用了几百公里长的天线，要想往更低频的通信方向发展，在信号的产生上会面临更多的困难，实用性目前来看并不高。

　　说了这么多，上面那些关于光的神奇秘密，看到哪个你心动了？

4.4
电荷的本质是什么？

作者：葛自勇

我们或许在很小的时候就知道，这个世界有正负两种电荷，带同种电荷的物体相斥，带异种电荷的物体相吸。我们还知道，电子带负电荷，质子带正电荷。但事实上，对于电荷的本质，可能大多数人并不清楚。虽然电荷的概念已经有了数百年，但是直到 20 世纪中期，有了量子场论，人们才能从某种程度上说真正理解了电荷的本质。下面就来揭开这个我们既熟悉又陌生的电荷的真正面纱。

☀ 写在前面

在正式讨论电荷的本质之前，有必要先阐述一下关于现代物理学研究的一个基本思想：现代物理学在评判一个理论的正确性或成功性时，最重要的标准是该理论本身的自洽性以及能否很好地解释实验规律。因此，即使该理论违背了直觉或一些早已在人们心中根深蒂固的"事实"，那也在很大程度上是可以接受的。

粒子物理标准模型

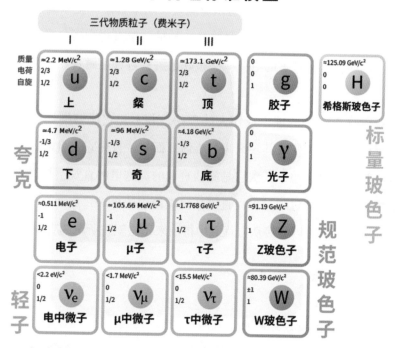

物理学的标准模型所涵盖的基本粒子。前三列是费米子，上下又可分为夸克和轻子。
第四列是规范玻色子。第五列则是希格斯玻色子

就拿电子和声子的例子来说吧。现在人们基本承认电子是一种基本粒子，但事实上科学家并没有亲眼看到电子长什么样，是圆的，还是方的？我们唯一清楚的是根据探测器探测到的数据可以肯定某粒子的行为跟我们定义出来的电子的行为是一模一样的；而对于声子，我们则普遍认为它是一种准粒子，并非真实存在的，但另一方面，从探测器上的数据来看它确实完全可以认为是一种真实存在的粒子。因此，从某种程度上来说，"电子不一定真，声子不一定假"。这看起来似乎很荒诞，但并不碍事，其实无论是真实粒子还是准粒子，只不过是定义上的差别，其理论本身则是自洽的并能很好地解释各种实验现象，那我们就不能因为这个定义看起来很不符合直觉就

认为它是错的。物理实质是不应该依赖于选择什么表象的（物理实质只能是实验现象和数据），而对于各种物理量的定义从某种意义上来说就是一种表象。既然不依赖于表象，那当然是选择一种最简单直观的表象来理解我们的世界喽，比如说定义粒子的电荷就能很好地解释各种电磁现象，又何乐而不为呢？

所以，真正的好的理论或伟大的理论，并不是它能够推翻人们先前对这个世界的某些认识，或其多么晦涩难懂。而是，首先它是自洽的并且能够完美地解释和预测实验，其次它是简洁直观的。这里的直观不是说它一定要符合直觉，而是物理过程是可以直接从该理论中读出来，比如在狄拉克方程中，反粒子的概念可以直接从方程式中得出来，这就是所谓的直观。

☀ 诺特定理

艾米·诺特（Emmy Noether，1882—1935年，德国数学家），作为20世纪最伟大的女性数学家，被誉为"抽象代数之母"，其在物理学领域也有一项具有划时代意义的工作，即诺特定理。

诺特定理是将物理中的守恒量与对称性联系起来的一个理论，即系统的任何一个连续对称性都能对应一种守恒量（这里必须是连续对称性）。比如说，对于自由粒子体系，它有空间平移对称性，因此它就对应了系统动量守恒；对于保守力场体系，它有时间平移对称性，因此它就对应了系统能量守

艾米·诺特

恒；对于有心力场体系，它有空间旋转对称性，因此它就对应了系统角动量守恒。

事实上，这些守恒量我们统称为守恒荷，将这些荷的空间分布密度定义为荷密度 ρ，对荷密度进行全空间积分便得到系统总的荷量。而一般情况下空间中的荷是一直在空间流动的，这样这些荷就形成了流 $\vec{J}$（具体物理图像，参考水流和电流的物理过程，可以从中类比过来）。那么，若系统具有某种对称性，根据诺特定理，我们可以推导出如下的守恒荷方程：

$$\frac{\partial}{\partial t}\rho + \nabla \cdot \vec{J} = 0$$

或积分形式：

$$\frac{\partial}{\partial t}\int \rho d^3x = 0$$

第一个方程的物理意义是空间所有点的荷密度变化率等于该点流入或流出的荷密度的速率，也就是说该体系是一个保守体系，没有任何荷从该系统中消失也没有额外的荷进入到该体系，因此该系统的总的荷是守恒的（其实，第二个积分方程更能直观反映荷守恒的结论，但不如微分方程给出的物理过程那么清晰）。其实，这也就是电荷守恒的微分和积分形式。

注：对称性是现代物理学理论中的一个极其重要的概念，其表示在经过某些变换时，系统状态保持不变，而这里系统的状态则是由系统的欧拉-拉格朗日方程（又称运动方程）所描述的。例如，对于保守场体系，系统的拉格朗日量不显含时，从而它的运动方程也只含有时间的偏导项，因此对时间进行平移变换（即 $t \rightarrow t+T$ 的变换，这样，对时间的偏导项会保持不变），运动方程自然保持原来的形式，所以说该保守系统具有时间平移对称性。

☀ 电荷的本质

读到这儿，相信很多读者可能已经对电荷有了一些似是而非的理解了。是的，同能量、动量和角动量一样，电荷也是来自一种连续的对称性，叫作全局的 U(1)规范对称性。该对称性与能量、动量及角动量所对应的时间平移、空间平移和空间旋转对称性是有很大区别的，后者的对称性都是和时空相关的，都被称为时空对称性，而前者的对称性则与时空无关，被称为内禀对称性。因此，也称粒子的电荷是一种内禀的属性与时空无关。

那么，何为全局的 U(1)规范对称性？我们知道，在量子场论中，粒子的行为是由该粒子的场算符所描述的，而对于很多粒子来说，它的场算符是由一对互为厄米共轭的复的场算符 ψ 和 $\psi^\dagger$ 来表示，比如电子。全局的 U(1)规范变换，即是对场算符做 $\psi \rightarrow e^{i\alpha}\psi$ 的变化，即在场算符前加一个全局的相位因子（这里的 α 是一个任意的与坐标无关的实参数，若其与空间坐标有关则被称为局域的 U(1)规范变换，这里不予讨论）。若在这种变化下，即 α 取任何实数，系统的运动方程都保持不变，那么称该体系具有全局的 U(1)规范对称性。

这样，我们可以根据相关的数学计算，将全局的 U(1)规范对称性所对应的守恒荷的相关算符形式给求出来。例如，对于自由的电子场，根据诺特定理，通过计算我们可以得到如下的守恒荷的算符形式：

$$Q = \int \frac{d^3 p}{(2\pi)^3} \sum_s \left(a_p^{s\dagger} a_p^s - b_p^{s\dagger} b_p^s \right)$$

其中，$a_p^{s\dagger}$，a_p^s，$b_p^{s\dagger}$，b_p^s 分别是电子与正电子（电子的反粒子）的产生、湮灭算符，s 表示电子的自旋。显然将 Q 算符作用在电子的单粒子态上，我们得到单电子的荷量是 +1，作用在正电子的单粒子态上，得到正电子的单粒子荷量为 –1，也就是说电子与正电子所带的这种荷大小相等，符号相反，而这一结论可以推广到所有粒子中。这里，大家可能发现了，仅仅给出这种荷的形式上的量子化关系，并不能计算出电子实际所带的荷量的大小和其物理意义。这是由于我们上面所讨论的是自由电子场，并没有引入相互作用。将电子场与电磁场进行耦合，即引入电磁相互作用时，我们可以发现电子所带的这种荷与我们先前定义的电荷的行为是完全一样的，因此，我们认为电子的这种守恒荷就是我们所说的电荷。实际上，从电磁相互作用的拉格朗日量中我们可以看出，单粒子的电荷量大小影响着该粒子与电磁场的耦合强度（及QED 的耦合系数），二者是成正比的。推广到经典极限下，粒子的电荷就表征着库伦力的大小和方向。总之，我们认为，电荷的本质是来源于粒子的全局U(1)规范对称性（其实反过来并不一定成立，也就是说并不是所有粒子的全局的 U(1)规范对称性的守恒荷都是电荷，只有在与电磁场耦合的意义下的全局的 U(1)规范对称性的守恒荷才是电荷），是个内禀属性，其大小仅依赖于粒子种类，而不依赖于该粒子的时空坐标系选择，即对于一个确定的粒子来说，其电荷量是常量，且互为正反粒子所带的电荷量大小相等、符号相反。

至此，或许有些读者表示很不满，认为这种意义下的电荷的本质不过只是一些数学上的小把戏。我们依旧看不清，摸不着，我们甚至怀疑其是否真正存在。然而，正如笔者前面所说的，同声子的概念一样，当有了电荷的概念以后，似乎一切物理图像都变得清晰了，并且整个体系是显得如此自洽、直观和完美，在这种意义下，我们为何不认为电荷就是真实存在的呢？或者说，如果不能获得其他什么价值，我们又有什么必要去认为电荷不是真实存在的呢？最后，笔者想引用一下狄拉克先生的一句名言："这么漂亮的东西不可能是错的。"

亚马逊蝴蝶魔法的秘密：馄饨？混沌！

作者：葛自勇

☀ 非线性系统与混沌

在一个物理系统中，如果该系统的输入与输出成正比的话，则被称为线性系统，例如我们熟知的纯电阻电路系统，电路的输入电压与输出电流满足欧姆定律，是个典型的线性系统。

线性系统的动力学行为是由系统的线性（微分）方程组来描述，其数学结构相对简单，人们对其的研究已经相当完善了，在物理学和控制学等领域也得到了广泛的应用。

然而，自然界的大部分系统本质上却是非线性的，即输入与输出并不是成正比关系，系统的（微分）方程含有非线性项。例如，当入射光的强度较大时，介质的极化强度与光强不再成正比了，这就是所谓的非线性光学，是一个典型的非线性系统。

相对于线性系统，非线性系统看起来显然要复杂得多。因此，它又蕴含了许多线性系统所没有的有趣现象，从而吸引了众多数学家、物理学家及各类工程学家的极大兴趣。其中最迷人但也最令人讨厌的现象就莫过于"混沌

（Chaos）"了。

所谓混沌，简单来说就是一个系统的响应对初始状态相当敏感，初始条件的一个微小的变化都可能会导致最终状态的巨大差别。一个最经典的例子就是蝴蝶效应：一只蝴蝶在巴西亚马逊轻拍翅膀，可能导致一个月后得克萨斯州的一场龙卷风。

☀ 混沌理论发展历程

混沌理论最早可以追溯到 19 世纪末期，当时大数学家、物理学家庞加莱在研究天体物理问题时发现，对于保守三体运动系统，有些轨道没有周期，并且这些轨道既不会越来越趋向于无穷远处，也不会收敛到一个稳定点。这是人类历史上对混沌现象的最初的认识（当时还没有引入混沌的概念）。

在庞加莱之后，混沌现象并没有引起人们的重视，关于混沌的研究基本处于停滞状态。然而，到了 1961 年，事情迎来了转机，气象学家爱德华·罗伦兹在用计算机模拟天气情况时，发现大气运动系统对初值极为敏感，初始状态的任何一点微小的变化在演化一定时间后，都会导致完全不一样结果。

罗伦兹断言：准确地对天气做出长期的预测是不可能的。对此，

爱德华·诺顿·罗伦兹（Edward · Norton · Lorenz, 1917 - 2008），美国数学与气象学家，混沌理论之父，蝴蝶效应的发现者

他做了一个相当形象的比喻，也就是现在大家所熟知的蝴蝶效应。罗伦兹的工作揭示了：即使对于一个确定的方程，我们也可以得出完全随机的结果。这一观念可以说是向牛顿力学框架下的"确定论"思想提出了极大的挑战。

几乎在同一时期，数学家阿诺尔德和莫塞在数学上严格证明了科尔莫戈罗夫提出的一个物理问题，也就是著名的卡姆（KAM）理论。该理论从数学上严格说明了混沌现象是具有普遍性的。

罗伦兹的工作与卡姆理论问世之后，人们才开始慢慢意识到混沌现象的重要性，从而对混沌现象的研究也逐步进入正轨。1975年，詹姆斯·约克和李天岩在"周期三蕴含混沌"一文中第一次引入"Chaos"这个术语，并被沿用至今。

随后，茹厄勒与塔肯斯提出可以用"奇怪的吸引子"来刻画混沌运动的整体形态；曼德布洛特将分形的概念引入混沌理论中，他发现混沌运动系统的相空间具有分形结构，即无穷层次的自相似结构；费根鲍姆发现了混沌中的分岔具有一些普适性规律，即后来著名的费根鲍姆常数。

这些工作表明，看似杂乱无章的混沌并不是完全随机的，相反，它却是有迹可循的，有着内在普适的规律。

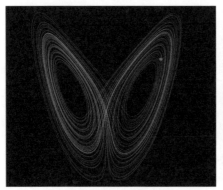

蝴蝶效应的图形表示

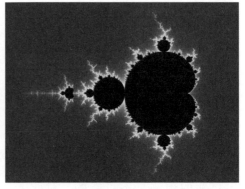

曼德博集合是分形中的一个很有名的例子

☀ 混沌控制

事实上，人们对混沌一开始的认识就是混乱的，不可控的。然而，随着对混沌理论研究逐渐深入，尤其是对其内部乱中有序有所认识之后，人们便开始思考：是否可以通过某些手段去控制混沌呢？

一方面，当混沌导致的随机性和不确定性给我们带来灾难时，我们是否可以通过某种手段去抑制或者消除混沌；另一方面，当我们需要混沌为我们带来便利时，我们又是否可以通过某些手段去产生我们所需要的混沌，或者将系统的混沌运动轨道调节到我们所需要的轨道。

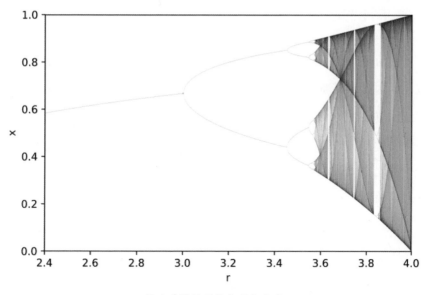

混沌系统呈现的分形与分岔

带着这样的思考，直到 1989 年，布勒首次提出了混沌控制的概念。次年，奥特（Edward Ott）、格里博格（Celso Grebogi）与约克（James A. Yorke）三人提出了一种参数微扰控制方法。

他们利用混沌对参数微扰的极度敏感性，通过对某个可调节的参数进行微调，从而使系统进入我们所期望的周期状态，达到控制混沌的目的。该方法开创了混沌控制的先河，问世之后，立马产生了极其深远的影响。人们根据这三位物理学家名字的首字母，将这项奠基性的混沌控制方法称作OGY方法。

随后，在OGY方法的基础上，人们又发展了一系列其他改进的混沌控制方法，例如连续反馈控制法和自适应控制法。

另外，随着人工智能的发展，人们发现其可以运用到混沌控制中，提高控制的效率，例如神经网络控制和模糊控制已经成为近年来的热点方向。

☀ 混沌的应用

如前所述，我们的世界充满了非线性效应，而这些非线性效应往往会引起混沌。因此，混沌与混沌控制理论不仅仅是个数学的把戏，其更是拥有无比广泛的应用前景。

除了湍流、气象及保守三体系统等物理问题，混沌理论在生物学等其他基础自然科学中也得到了广泛的应用。例如用混沌理论研究昆虫繁殖问题，甚至是经济学、金融学和政治学等社会科学也能经常见到混沌理论的身影。

另外，除了运用混沌理论去解释和解决以上科学问题，对于现代科技，混沌也有极大的应用前景。

在控制科学与工程领域，混沌控制可以广泛应用于各类非线性控制系统，提高系统的稳定性以及控制精度与效率；在信息学领域，我们可以利用混沌来实现保密通信，以及信息的压缩与存储。

随着人们对混沌与混沌控制理论研究的逐步深入，我们有理由相信，该项理论和技术会给我们人类带来更多的惊喜。

☀ 总结

综上所述，混沌是一个由非线性效应引起的一个相当独特的现象，具有对初值的敏感性、内禀的随机性、长期不可预测性，以及分形性和普适性等特点。它表面上看似乎杂乱无章，内部实则另有乾坤。

在哲学范畴，自牛顿力学建立起来后，决定论早已深入人心。然而，混沌理论和量子论的出现却动摇了人们对决定论的信仰，从而引起了一场哲学思想的变革。

在自然科学范畴，混沌理论中蕴含着深刻而又丰富的数学与物理学的美，人们相信，在这些数学与物理学之美的背后必定暗含了宇宙的奥秘。

在应用科学范畴，混沌与混沌控制理论能为人类的技术发展带来无限的可能，其广阔的应用前景延伸到了各个学科领域。

然而，故事并没有就此结束，人类对混沌的认识才只是刚刚开始，内部乾坤有待我们继续发掘。亚马逊蝴蝶魔法的秘密，还需要我们数代人去慢慢解开。

4.6
AB 效应？贝里相位？物理学中两个不可不知的重要概念，看这里！

作者：葛自勇

19 世纪中后期，麦克斯韦等科学家建立起了一套相当完备的经典电磁学理论体系，这个体系几乎可以解释当时所有的电磁现象。在这套体系中，有一个很特殊的量——磁矢势，通过对磁矢势求旋度，我们可以得到磁感应强度。

然而，磁矢势与磁感应强度并不是一一对应的，如果在磁矢势后面加上一个额外全导数项，我们还是能得到相同磁感应强度，而这种变换也叫作规范变换。也就是说，磁矢势是规范变化的（因此也称为规范势），而磁感应强度是规范不变的。

一直以来，我们都相信物理世界不能依赖于我们怎么选取规范。因此，在这样的意义下，人们一度认为磁矢势并不是物理的。因为它不能被直接观测到，只是提供了数学上的计算便利，反映不了任何物理。这个认识在人们心中一直持续了将近一个世纪，直到 1959 年，阿哈罗诺夫 – 玻姆效应横空出世，人们的这个观念才开始动摇。

☀ 阿哈罗诺夫－玻姆效应

1959 年，阿哈罗诺夫（Yakir Aharonov）与玻姆（David Joseph Bohm）二人合作在《物理评论》中发表了一篇文章。文中，他们提出了一个关于电子在磁场中运动的干涉假想实验（如下图所示）：两束电子同时从 A 点出发，分别经过 B、C 再同时到达 F 点，并且在 ABFC 中间放置一个螺线管，他们从理论计算中发现这两束电子最终到达 F 点时会差一个固定的相位，这个相位差只依赖于螺线管里的磁通，不依赖于空间规范势的选取，也就是说它是规范不变的。

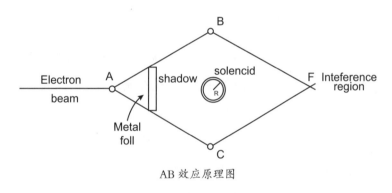

AB 效应原理图

我们仔细分析不难发现，对于这样一个体系，磁场仅仅存在于螺线管里面，整个路径 ABFC 中，电子都是感受不到磁场的，既然感受不到磁场，两种路径又是完全对称的，那么这个相位差是从哪里来的呢?

阿哈罗诺夫与玻姆给出的解释是：在电磁场中，磁感应强度并没有包含所有的信息，其规范势才是更本质的。因为，虽然两束电子在运动过程中都感受不到磁感应强度，但是其运动过程中感受到的矢势一直不一样，从而累计了相位差。因此，这个思想实验阐明了规范势本身就可以直接产生可观测效应，并不只是个数学把戏，它能实实在在地反映物理。

很快，第二年，阿哈罗诺夫与玻姆的理论就被钱伯斯（Chambers）的实验所证实。后来，该现象也被学界称之为阿哈罗诺夫－玻姆效应，简称 AB 效应。值得一提的是，A 和 B 既是两位发现者的名字首字母，也分别是磁矢势与磁感应强度的字母标记，因此，这也赋予了 AB 效应另一个更加深刻的含义。

注：规范势只是可以产生可观测效应，但本身还是一个不可观测量，因为只有规范不变的物理量才能是可观测量。AB 效应中，由规范势直接产生的这个相位差才是规范不变的，是个可观测量。

☀ 贝里相位

1984 年，贝里在研究中发现，当一个系统的哈密顿量依赖于一个随时间周期变化的参量时，在绝热近似条件下，系统在演化一个时间周期后，除了会累积一个固有的动力学相位以外，还会多出一个特殊的相位。

贝里仔细研究这个特殊的相位后发现，这个相位其实并不依赖于绝热条件，它是个系统内禀的属性，同时也不依赖参数的变化路径，只依赖于其初始与最终的取值。因此，贝里把这个特殊的相位称作是几何相位，后人也将其称为贝里相位。

通过前文，我们发现 AB 效应与贝里相位似乎除了都与相位有关，没有其他任何联系。其实不然，它们都具有同一种数学结构。我们完全可以认为 AB 效应是贝里相位的一个具体的物理实现，贝里相位是广义的 AB 效应。

☀ 几何相位与拓扑

AB 效应与贝里相位除了阐明了规范势才是更为本质的，且能产生直接的可观测效应以外，其另一个重要价值在于，帮助我们更加深刻地理解了物理学中的拓扑效应。前面我们已经提过，贝里相位并不依赖于参数变化的路径，这种特性事实上就是我们经常所说的拓扑，即在连续形变下保持不变。

例如，现在凝聚态物理学中非常火热的拓扑绝缘体与拓扑超导体，都与贝里相位息息相关。我们知道，在拓扑绝缘体中，陈数是一个非常重要的物理量，因为它能表征两种不同的物态是否拓扑等价，而事实上，这个陈数的 2π 倍就是动量空间中的贝里相位。再比如，近年来大家非常关注的固体系统中的马约拉纳费米子，这种准粒子的激发与 AB 效应也是分不开的。

☀ 写在最后

总而言之，AB 效应与贝里相位的发现对量子力学基本理论的完善有着不可替代的作用，同时也加深了我们对拓扑物态的理解与认识。

4.7
假如有人告诉你这个世界的本质是弹簧，你愿意相信吗？

作者：王　恩

　　其实说起弹簧，很多人都不会感到陌生。毕竟，生活中实在是有太多太多了。我们每天睡觉都要用的床里面，就有商家精心设计的弹簧组合，让人们得到更好的休息。平时遇到的每扇门里面的机械锁，也通过弹簧来检测你插入的钥匙是否正确。让我们的出行变得更加轻松的各种交通工具，里面也有多到数不清的弹簧——最简单而且容易理解的用处，就是它们带来的减震效果了。

床垫上复杂的弹簧结构

　　各式各样的弹簧，在不同的地方发挥着不同的作用。

　　很多人对于弹簧的印象还停留在压缩弹簧（compression springs）上，但是其实弹簧的种类远比你所想象的要丰富很多。比如我们平时使用的回形针，其本质上也是一种弹簧。回形针的里头一圈和外面一圈被撑开，从而产生回复力夹住你想让它夹住的东西。

与线性拉伸的弹簧不同，我们生活中还经常见到扭力弹簧（torsion springs）。在我们的各种夹子里，就藏着扭力弹簧的身影。扭力弹簧是通过扭转产生回复力。

☀ 游丝

在人们发明石英振荡器之前，驱动钟表产生周期运动的是被称为"游丝"（balance spring）的细细的弹簧。它的形状不再是直直的线型，而是盘绕在摆轮周围。可以在下图看到，游丝的两端被固定住，在施加推动力以后，游丝之间的间距会出现缩小再变大的周期性变化，从而驱动棘轮计时。如果游丝的长度过短，那么摆轮就会很难转动，振动周期也会变短；反之如果游丝长度过长，振动周期就会变长。所以游丝是影响走时准确的重要因素之一。

游丝驱动钟表实现周期性运动，那个左右转动的轮子
被称为摆轮，而下面变松又变紧的就是游丝了

制作游丝的材料选取也至关重要，人们通常使用恒弹性合金（锡青铜等）来制造。究其原因，最重要的一点在于平衡温度对材料弹性的影响。温度变化会导致游丝热胀冷缩，改变游丝的有效长度，从而使得摆轮的转动不再稳定，钟表的走时变得不再准确。所以在现在的机械表里，我们可以看到能工巧匠们利用各种技巧来平衡温度带来的影响，提高走时的准确性。

当然，游丝不止在机械表里有所应用。比如我们在做电学实验时需要用到的磁电式电流表中，电流通过线圈以后产生电磁力矩，从而驱动游丝发生转动，游丝起到平衡电磁力矩的作用，从而实现对电流的测量。由于相互之间均为线性关系，所以标度盘上的刻度是均匀的。

☀ 胡克定律

虽然惠更斯最早制作出了游丝摆轮实物，并把它展示给了法国皇家学会，也因此成为了官方认定的发明人。但是最早的游丝概念提出者并非惠更斯，而是罗伯特·胡克（Robert Hooke）。两人也因此对游丝摆轮的发明权展开了持久的争论。

这里多一句嘴，和胡克吵架的不止惠更斯一位，还有我们耳熟能详的牛顿（其中那句著名的"如果我看得远一些，那是因为我站在了巨人的肩膀上"，如果结合当时语境，也会发现是在讽刺胡克的身材）。早年胡克曾经与牛顿通信讨论过圆周运动，并阐述了平方反比定律的思想，但是囿于数学工具的限制，无法证明开普勒的行星运动三定律。在《自然哲学的数学原理》发表以后，胡克十分怀疑牛顿剽窃了他关于万有引力平方反比定律的想法。当然，牛顿也还以颜色，把手稿中所有引用胡克工作的声明全给删了。这些争论把胡克气得晚年不再愿意公开自己的任何研究发现，近乎愤世嫉俗。

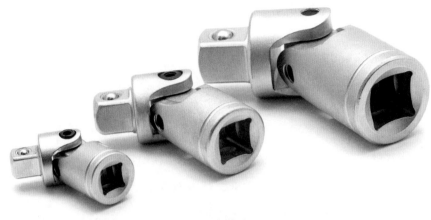

万向接头

虽然有这些小插曲，但是客观地说胡克其实是一个通才。在机械制造方面，他设计制造了真空泵、显微镜和望远镜。他第一个制造出了万向接头，可以允许刚性杆向任意方向运动，现在仍广泛应用于车辆的传动装置中。不知道是不是因为兴趣太过广泛的关系，他在有了游丝的想法后迟迟未制成实物，让惠更斯抢了先。

幸运的是，至今在教科书中，我们仍能看到一条以胡克命名的物理定律——弹簧的胡克定律。1676 年（在和牛顿发生矛盾前），胡克在对金属器件，特别是弹簧的弹性进行研究后，发表了一条拉丁语字谜，ceiiinosssttuv。这是当时惯例，如果还不能确认自己的发现，则先把发现打乱字母顺序发表，确认后再恢复正常顺序。两年后他在发表的小册子《势能的恢复》（*De potentia restitutiva*）中公布了谜底 ut tensio sic vis，意思是"力如伸长（那样变化）"，即应力与伸长量成正比的胡克定律。

当然，利用现在的微积分知识和牛顿第二定律，我们可以证明在线性回复力的作用下，物体往复运动的周期是恒定的。虽然胡克在那本小册子里也说明这一点，但是显然证明是不完善的。而在此基础上，人类也终于从理论上理解了伽利略发现的钟摆的等时性，开启了今后 300 多年的机械表的科学制表时代。

☀ 世间万物皆弹簧？

人们早早地就发明了弓这一类利用了弹性势能的工具。但是为大家所熟知的盘绕式的弹簧的出现一直要等到 15 世纪初在门锁中的应用。如今，工业化生产各种弹簧早就不是什么难事。对于弹簧来说，往复运动的过程中，动能和弹性势能互相转化；对于单摆，动能和重力势能互相转化。这种情况可以推广到很多地方，我们都可以用一根弹簧（更准确地来讲，谐振子势），来近似表示一个往复运动的物体。而且，这么做往往和真实情况都符合得很好。因为一般情况下，物体振动的幅度并不大。

当然，物理学家们对此并不感到高兴，假如真的世间万物皆弹簧的话，他们就通通失业了。所幸，在弹簧以外，还有更为广阔的领域等着物理学家们去探索。

第五章

物理漫游记

作为一个物理工作者，车铣刨磨钻……一个都不能少

作者：申见昕

提起机械加工，大家首先想到的可能是大学时期的金工实习，心里或许还有一点被小锤子或者机器人手臂支配的恐惧。事实上，作为一名实验物理工作者，机械加工还真的是一种不可或缺的技能。

马克思讲人与动物的根本区别就是会不会制造和使用工具。而机械加工就是通过一种机械设备对工件的外形尺寸或性能进行改变的过程。其分类十分丰富，并且随着技术进步，新的加工工艺也被逐渐开发出来，主要包括车、铣、刨、磨、钻、线切割、3D 打印等。

下面我们通过机械加工设备来了解每一种加工工艺。

☀ 加工设备

1. 车床

车床是主要用车刀对旋转的工件进行车削加工的机床。在车床上还可用钻头、扩孔钻、铰刀、丝锥、板牙和滚花工具等进行相应的加工。

车床分为普通车床和数控车床，普通车床依靠工人人为控制零件的加工精度，对工人的操作水平要求很高；数控车床通过电脑编程来控制加工过程，加工效率和精度都更高。

车床　　　　　　　　　　　　　　数控车床

2. 铣床

铣床主要指用铣刀对工件多种表面进行加工的机床。通常铣刀以旋转运动为主运动，工件和铣刀的移动为进给运动。它可以加工平面、沟槽，也可以加工各种曲面、齿轮等。

铣床

铣床和车床是机加工中应用最为广泛的两种设备，车床为加工件旋转，车刀进动，适合加工圆形零件；铣床为铣刀旋转，加工件进动，适合加工平面。

3. 刨床

刨床是用刨刀对工件的平面、沟槽或成形表面进行刨削的直线运动机床。

使用刨床加工，刀具较简单，但生产率较低（加工长而窄的平面除外），因而主要用于单件，小批量生产及机修车间，在大批量生产中往往被铣床所代替。

刨床

4. 磨床

磨床是利用磨具对工件表面进行磨削加工的机床。

大多数的磨床是使用高速旋转的砂轮进行磨削加工，少数的是使用油石、砂带等其他磨具和游离磨料进行加工，如珩磨机、超精加工机床、砂带磨床、研磨机和抛光机等。

磨床

5. 钻床

钻床指的是主要用钻头在工件上加工孔的机床。通常钻头旋转为主运动，钻头轴向移动为进给运动。

钻床结构简单，加工精度相对较低，可钻通孔、盲孔，更换特殊刀具，可扩、锪孔，

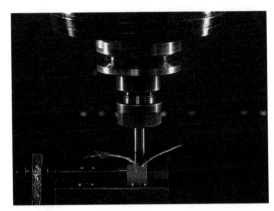

钻床

铰孔或进行攻丝等加工。加工过程中工件不动，让刀具移动，将刀具中心对正孔中心，并使刀具转动（主运动）。

6. 线切割机

苏联拉扎联科夫妇研究开关触点受火花放电腐蚀损坏的现象和原因时，发现电火花的瞬时高温可以使局部的金属熔化、氧化而被腐蚀掉，从而开创和发明了电火花加工方法。

线切割机也于1960年发明于苏联，我国是第一个将其用于工业生产的国家，主要用于进行异形工件的加工。线切割分为快走丝和慢走丝，区别主要是相应的加工的表面粗糙度不同。

7. 加工中心

加工中心是由数控铣床发展而来的，它具有铣刀库，可以程序控制自动更换铣刀，所以相对自动化程度更高。此外部分加工中心具有车铣复合的功能，能够同时完成车床和铣床的工作。

现在，加工中心已经被广泛应用，有些高水平的机械加工厂加工中心的

数量已经超过车床和铣床。加工中心对操作员的要求更高，不仅要了解机械加工工艺，还要具有数字编程的能力。

8. 3D 打印机

3D 打印（3DP）即快速成型技术的一种，它是一种以数字模型文件为基础，运用粉末状金属或塑料等可黏合材料，通过逐层打印的方式来构造物体的技术。

3D 打印技术是近年来十分火热的一种加工工艺，它通常是采用先通过计算机将要打印的物体进行建模，再通过 3D 打印机对工件进行打印。

由于 3D 打印的灵活性，这种工艺受到了广泛的关注，甚至提出 3D 打印可以打印一切。但是 3D 打印现在只是小规模的应用，主要受限于材料选择和加工尺寸。

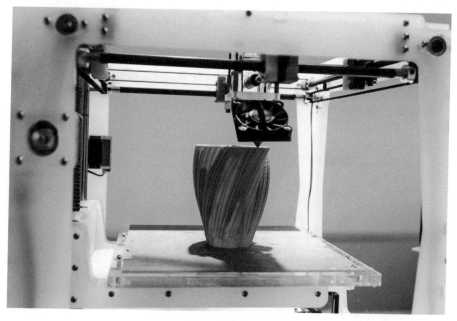

3D 打印机

☀ 物理所机械加工厂

物理所机械加工厂始建于北平研究院物理研究所严济慈先生任所长时期，历经几十年依然服务于物理研究一线。巅峰时期，物理所机械加工厂有员工百余人，加工工艺完备，工种齐全。

现在，物理所机械加工厂数控车床、电火花线切割、四轴加工中心、五轴数控加工中心等现代化的加工设备一应俱全。作为大部分实验设备都靠自己搭建的博士生，加工厂成为笔者除了实验室和宿舍外，度过时间最长的地方。

物理所机械加工厂承担了许多物理所实验设备的加工工作，为科研人员开展实验研究提供了重要保障。

☀ 机械制图软件

机械制图是完成机械加工的第一步，需要我们物理工作者根据实验情况完成自主设计。

目前，最为流行的机械制图软件包括 AutoCAD 和 Solidworks。其中 Solidworks 作为三维作图软件，更加容易上手。

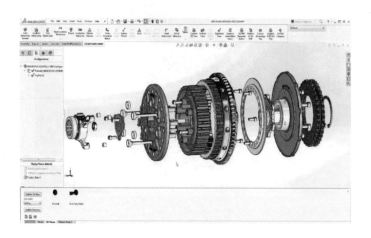

虽然 Solidworks 上手简单，但是功能仍然强大，它可以通过装配多个零件将设备的完整形态展现出来，甚至可以做一些简单的流体和受力分析。用好 Solidworks 也成为一个实验物理工作者的一项基本功。

☀ 小结

机械加工是一个实践性很强的工作，完成机械制图仅仅是开始，我们还要多关注机械加工工艺的具体原理和流程。

如果有条件的话要多深入机械加工的一线，与工人多交流，每位工人都有自己的绝活。

此外，我们在设计零件时首先要考虑的就是如何完成零件的加工，注重零件的可加工性，这样加工出来的零件才能最大程度满足自己的设计，更重要的是——还可以节省经费呀！

5.2
今天，我想跟你聊聊时间捡……简史

作者：王　恩

如果要在我们生活中找出个最为重要的物理量的话，很多人会选择"时间"。当然这个选择并不会觉得意外，比如中国人互相打招呼最百试不爽的一句话，"你吃饭了吗？"不管上一句的回答是啥，下一句都可以是"啥时候吃"。而且从七大基本单位亦可见一斑——时间、长度、质量、温度、电流、物质的量和发光强度，怎么说排在第一个总要厉害一点是吧。

不过确实，准确地记录时间，是一件非常重要的事情。下面，我们就来聊聊关于记录时间的那些事。

☀ 日晷

如果要说最方便的记录时间的工具，那肯定是——天上的星星啦。

所谓脚踏实地，仰望星空——白天时抬头看太阳的高度和方位，就可以确认当地的时间；入夜时分月亮升起，通过月相的阴晴圆缺的变化，人们可以得到更大的时间单位进行计量，安排农耕。

每天白天都抬头看太阳的位置，虽然很方便，但其实并不准确。勤劳勇敢而又充满智慧的劳动人民就发明了日晷。它是一种由视太阳位置告知每天时间的装置。这里要划一下重点，你每天看到的太阳位置，也就是视太阳位置的变化不仅仅来自地球的自转，还有地球公转的影响。原因很简单，在地球自转转一周的时候，公转也让地球和太阳的相对位置转了一个角度。

回到日晷的问题上，狭义而言，它包含一个平面（盘面）和将影子投影在平面上以指示时间的晷影器组成。在太阳移动的整个过程中，晷针，也就是在晷影器上指示时间的边缘线，阴影边缘会与不同的时间线对齐，显示出当时的时刻。实际上，经由晷针上的节点，还可以提示日期。晷影器可以是一根棒子，也可以是一根金属线，甚至是任何可以产生影子的物体。晷针必须平行于地球的自转轴，才能整年都提供正确的时间。通过简单的几何学计算我们可以知道，晷针与地平面的夹角就是其所在位置的地理纬度。

位于北京故宫中的日晷

　　日晷的样式有很多种。举一个最简单的例子，不同的盘面设置对于刻度划分有显著的影响。在水平日晷中，其时间的刻度和我们平时钟表上的均匀刻度不一样，它们是不均匀的，具体数值的大小需要通过几何关系借助三角函数进行计算。但是如果我们把盘面设置成和赤道平行，那么在日晷上的刻度就可以是均匀的了。比如位于北京故宫的这个日晷，上面的时间刻度就是均匀的。不过因为太阳高度的关系，在冬天，盘面下方被照亮，我们需要看下方的刻度；而在夏天，盘面上方被照亮，看时间时需要跑到上面的刻度去看。

　　当然，并没有人规定盘面一定要是水平的，只要能够清晰地看出来影子的位置就行了。其实根据上面对晷针与地平面夹角的要求，在赤道附近的日晷的晷针都快要和地面平行了，这时候再选择平面作为盘面就不太合适，圆筒形的才更符合实际使用。比如你去新加坡旅游的话，因为其地处热带，那里的日晷，一般来说盘面就不是水平的了。

可以装在口袋里的小型日晷，通过指南针确定方位，再利用太阳就可以得到当地的时间了

其实这东西也能做成小型化，被用来当作日常生活中的计时工具随身携带。或许在哪个人类科技树点歪了的平行宇宙里，人们出门要看时间的时候，就掏出口袋里的迷你日晷，对准方位看影子在哪里。

因为地球轨道并不是一个正圆形，地球的自转轴并不是沿着某方向不发生变化，所以日晷得到的时间和真正准确的时间之间还有一定的误差，利用日晷进行更精确计时的时候就需要考虑这一部分的误差。

☀ 机械表

关于机械计时的历史，应该要从伽利略学医时发现的单摆的等时性开始说起。当时他注意到了摇摆的吊灯在风的推动下尽管划出大小不一的轨迹，但与自己脉搏做出对比后，发现它们的周期都是相同的。而这一发现也给人们提供了新的计时的工具。

第一个利用单摆的等时性制造钟表的是惠更斯。因为单摆的原理简单，制作的装置稳定性高，在很长一段时间里，单摆被认为是世界上最精确的计时装置之一。人们甚至利用单摆来测量重力加速度的大小——已知了单摆的运动周期和摆长，我们就可以反推当地的重力加速度。

为了在摆钟里把一个横向摆动的单摆变成可以转动的秒针、分针和时针来进行计数，惠更斯巧妙地设计了擒纵器。通过单摆两端的机械装置卡住中间圆轮，实现间歇性的转动效果。当然，利用微积分和经典力学的知识，单摆的周期公式其实只是一个近似公式。如果想要得到高精度的单摆周期，我们必须要计算振动幅度对周期的影响。

$$T = 2\pi\sqrt{\frac{L}{g}}\left[1 + \left(\frac{1}{2}\right)^2 \sin^2\frac{\theta_0}{2} + \left(\frac{1\cdot3}{2\cdot4}\right)^2 \sin^4\frac{\theta_0}{2} + \left(\frac{1\cdot3\cdot5}{2\cdot4\cdot6}\right)^2 \sin^6\frac{\theta_0}{2} + \cdots\right]$$

利用级数展开求得的单摆周期公式，可以看到我们之前使用的公式无视了单摆振幅的影响

我们利用级数展开等复杂的数学技巧求得单摆周期公式，其运动周期除了和摆长有关以外，跟摆动的幅度大小也有关系，这就让钟表保持等时性，需要控制的变量也就更多。因此，怎么设计单摆运动的轨迹，使得其运动周期和振动幅度无关，就成了摆在人们制造钟表面前绕不过去的难题。这个问题最早由惠更斯提出，他把问题转化为等时降落问题（The tautochrone problem）——找到一条曲线，将一质点放置在此曲线上任一点，将其从静止开始释放自由下滑（不计阻力），到达底部所需的时间皆相等。这个问题的答案为摆线，和最速降线的问题的解一模一样。

不过这个利用重力让单摆形成周期性运动做成的时钟并不适合用于航海。因为在海上十分颠簸，单摆的运动情形变得和陆地上不一样了，不再具有简单的周期性。在后续的发展过程里，利用弹簧和摆轮取代单摆，机械钟表才在航海中发挥作用。

不过，给摆提供动力的方式有很多，网络上可以看到各种各样的脑洞。比如外国网友 Nigel Loller 就曾经设计过利用水的动力来驱动摆钟运动的时钟。

☀ 电子表

不得不承认，在电子时代到来之前，机械表确实是当时人类掌握的最为精密的计时工具了。不过在晶体振荡器发明之后，时钟的机械时代悄然落下帷幕，而电子时代则正式登上舞台。

电子时代准确计时所依赖的物理现象是压电效应。在外界对晶体施加外力，造成晶格变形以后，晶格内部会出现正负电荷分布，累积之后表现为在外表面产生电荷，从而形成电势差，这就是压电效应；当然这个过程也是可逆的，外加电场，也会导致晶格发生变形。

给石英晶体加额定的电压后，经过压电效应即可输出某一固定频率，通过分频电路产生周期为秒的信号，经过人为设定当前时刻后，以时、分、秒组合指针或数码管、液晶显示在屏幕上。

传统的无源石英晶体振荡器通过施加交流电，从而产生周期性的形变，如果形变频率和晶体的共振频率相近的话，那输出的信号达到最大。在石英振荡器的生产过程中，往往会先根据事先做好的模型制作产品，但是制作的过程中不可避免地会带来误差，在生产线上还要加上一个矫正调整的环节。抛开石英的老化问题暂且不谈，温度浮动等客观条件变化，都会影响石英晶振的振动频率，不过那都是以百万分之一为单位，小数点后面好几位精度的事情了。

从数字钟的精度考虑，晶振频率越高，钟的计时准确度就愈高，但相应的电路设计就要变得更为复杂。在我们平时最常接触到的石英振荡器中，生产厂商们在生产的过程中往往把其频率设置为 32768 Hz。如果你对数字敏感的话，应该可以立即发现，这个数字其实是 2 的 15 次方。所谓分频就是不断地将频率除以 232768 Hz 的频率意味着经过 15 次分频，我们就能得到周期为 1s 的信号了。

虽然现在石英振荡器的使用已经十分广泛，但人们对于其精度还不甚满意，在一些高精尖的场合，我们需要更为有力和强大的计时工具。

☀ 原子钟

要说最强的时钟？那肯定要数定义 1s 的时钟。自 1967 年以来，国际单位制（SI）中秒的定义为铯 -133 原子的基态的两个能级之间的跃迁辐射出电磁波周期的 9192631770 倍。不过很多人不知道，1997 年，国际度量衡委员会（CIPM）在这前面加了一条限定条件，"前面的定义是指在绝对零度的温度下静止的铯原子铯 -133"。经过这样的修改，秒的定义就变得更为严谨。使用铯原子钟计时，其误差约为一亿年偏离一秒。

这么高精度的时钟，甚至允许我们研究相对论中的时间效应。在 GPS 卫星中的原子钟，在与地面进行通信时，就必须要考虑相对论造成的影响。不过人们目前还在为造出更高精度的时钟进行努力，比如光钟，其精度甚至要比上面提到的 NIST-F1 铯喷泉原子钟还要高 10 倍，达到十亿年产生一秒的误差的程度。

虽然原子钟的身影我们并不能见到，但其实它的影响无处不在。我们每天使用的手机，电脑里的时钟，都可以和国家授时中心内的原子钟提供的标准时间进行同步。在一些省份的高考考场中，使用的时钟也不再是石英钟，而是基于原子钟校正的电波钟，通过接收来自国家授时中心或者卫星的信号，来产生准确时间。当然电波钟并不需要每时每刻都获取信号，内部其实还是基于石英振荡器在工作，但是通过每天的校正，可以消除累积的误差。

☀ 其实……

不过……尽管为了准确计时科学家们真的很努力，但在每天睡懒觉被闹钟叫醒时，我更想要一个可以让时间减慢的机器。

5.3

从小游戏"弹一弹"的物理模型讲一个一波三折的打脸故事

作者：科学电台 SciFM

　　微信曾经推出一款叫"弹一弹"的小游戏，吸引了大量宅居于室或游荡在外的"社会闲散青年"沉溺其中。

　　玩"弹一弹"实际上是玩一个碰撞的物理模型，大家可能都发现了除了第一下小球以一定初速度直线射出没有重力，碰撞之后都受到重力的影响，所以第一击之后，就是一个斜抛运动过程（比较闲的人可以去算一算弹一弹星球的重力大概是多少，其重力与哪个已知星球的重力接近，就可以找到弹一弹星球的现实原型了）。

　　类似这种物理模型，最初其实只是物理学家的玩具，在实验条件有限但实际上又有需要时，物理学家们就会脑洞大开展开想象，建造一个基于现有理论的物理模型，拿这个模型玩出好多花样。别觉得模型这玩意儿玄乎无用，实际上哪怕是在科学技术这么发达的今天，还是有好多"臣妾做不到啊"的问题需要引入一个物理模型，比如"黑洞理论""大爆炸理论"都是建立在物理模型的基础上的。要评选史上最好玩、玩得最久的物理模型，那肯定非"原子"莫属了。

古希腊人可能没有"弹一弹"玩，为此他们找了一个小球玩，还给那个球取了个名字，叫"原子"（Atom）就是不可分割的意思。他们认为，这个小球是世界的本源，是世上最小的东西，别的所有东西都是由这么个小球组成的。

但可惜这玩意儿谁也没见过，一直是个抽象概念，直到近代它才被化学家们赋予了实际意义：原子是指化学反应不可再分的基本微粒。和你所知道的一样，学校里跟化学老师最不对付的就是物理老师了。同样，哲学衍生出的物理学家们也是看不上炼金术师们衍生出的化学家们的——好，你说原子不可分割，我偏要切给你看。

第一个切原子的男人叫作 J.J. 汤姆逊。1897 年，他在做阴极射线实验的时候，发现一个比原子小 1/1836 的东西，啊哟你们化学家不是说原子最小不可分割嘛，那这个比原子还小的东西是什么啊？脸疼不疼啦？化学家们一脸懵……

对此，汤姆逊先生给出了他的解释，阴极射线这个东西带负电，就叫电子吧。其实原子呈球状，带正电荷。而带负电荷的电子

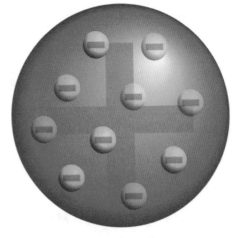

葡萄干布丁模型

则一粒粒地"镶嵌"在这个圆球上。这样的一幅画面，也就是史称的"葡萄干布丁"模型，电子就像布丁上的葡萄干一样。这个"葡萄干布丁模型"自带西方血统，要我说这原子模型应该叫"蘸白糖的馒头"更为符合中国人的饮食习惯嘛。

最终汤姆逊先生凭借发现原子里带负电的电子而获得诺贝尔奖，而有趣的是30年后他的儿子，在剑桥通过实验进一步证明了电子的波动性，获诺贝尔奖。老子发现电子这个粒子得了诺贝尔奖，儿子却发现电子是波，还得了诺贝尔奖，看生活这编剧真是个妙人儿。

当然，人无千日好，花无百日红，才打过化学家们脸的汤姆逊先生完全不会想到，很快就轮到他自己了。他的学生卢瑟福（Ernest Rutherford）在1910年，和助手们做了一个名留青史的实验。他们用 α 粒子（带正电的氦核）来轰击一张极薄的金箔，想通过散射来确认那个"蘸白糖的馒头"的大小和性质。

试想一下，卢瑟福用一堆小球碰撞一些块块，这不就是我们玩的"弹一弹"嘛？

但是，极为不可思议的实验结果出现了：有少数 α 粒子的散射角度是如此之大，以致超过90度。照汤姆逊老先生说的，馒头里不该有东西哇，这实验结果怎么看着里面有"馅儿"，是个包子呐。

对于这个情况，卢瑟福自

已描述得非常形象:"这就像你用十五英寸的炮弹向一张纸轰击,结果这炮弹却被反弹了回来,反而击中了你自己一样"。

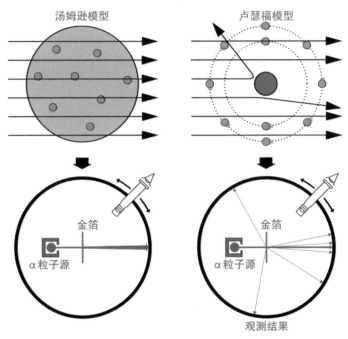

左图:从葡萄干布丁模型预测的 α 粒子散射情况, α 粒子运动方向只会发生微小偏转。右图:卢瑟福等人实际观测到的情况,小部分的 α 粒子运动方向会发生大幅度偏转,因为原子核的正电荷都集中在小范围区域

卢瑟福充分发扬了亚里士多德前辈"吾爱吾师,但吾更爱真理"的优良品格(一般说这句话就是要打老师的脸了),他决定修改老师汤姆逊的"葡萄干布丁"模型。他认识到, α 粒子被反弹回来,必定是因为它们和金箔原子中某种极为坚硬密实的核心发生了碰撞。这个核心应该是带正电,而且集中了原子的大部分质量。但是,从 α 粒子只有很少一部分出现大角度散射这一情况来看,那核心占据的地方是很小的,不到原子半径的万分之一。这么看来设计原子的上帝一定是个黑心商家,做的包子馅儿也忒小了吧。

于是，卢瑟福在次年（1911年）发表了他的这个新模型。在他描述的原子图像中，有一个占据了绝大部分质量的"原子核"在原子的中心。而在这原子核的四周，带负电的电子则沿着特定的轨道绕着它运行。这很像一个行星系统（比如太阳系），所以这个模型被理所当然地称为"行星系统"模型。在这里，原子核就像是我们的太阳，而电子则是围绕太阳运行的行星们。

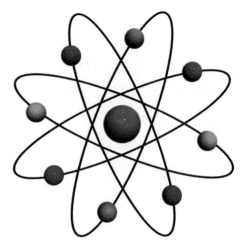

原子内部不是充实的，而是具有大量的空间

但是，这个看起来很完美的模型却有着自身难以克服的严重困难。大伙儿都知道，同性相斥异性相吸，带负电的电子绕着带正电的原子核运转，这个体系是不稳定的，电子肯定要投入原子核的怀抱嘛。

就是说根据电磁理论两者之间会放射出强烈的电磁辐射，从而导致电子一点点地失去自己的能量。作为代价，它便不得不逐渐缩小运行半径，直到最终"坠毁"在原子核上为止。经过计算，整个过程用时不过一眨眼的工夫。换句话说，就算世界如同卢瑟福描述的那样，也会在转瞬之间因为原子自身的坍缩而毁于一旦。原子核和电子将不可避免地放出辐射并互相中和，然后把卢瑟福和他的实验室，乃至整个英格兰，整个地球，整个宇宙都变成一团混沌。

妈呀，不就是玩玩模型嘛，咋世界都要毁灭了，这时轮到卢瑟福的师弟玻尔出场了。

在这里玻尔试图把量子的概念结合到卢瑟福模型中去，以解决经典电磁学所无法解释的难题。通过研究原子谱线，玻尔发现原子能级，从而解释了卢瑟福模型中的难题。

他的研究结果简而言之就是说，那些电子都有自己的车道。

众所周知，一个原子的化学性质，主要取决于它最外层的电子数量，并由此表现出有规律的周期性来。那对于拥有众多电子的重元素来说，为什么它的一些电子能够长期地占据外层的电子轨道，而不会失去能量落到靠近原子核的低层轨道上去？

暴躁的泡利在 1925 年做出了解答：他发现，没有两个电子能够享有同样的状态，而一层轨道所能够包容的不同状态，其数目是有限的，也就是说，一个轨道有着一定的容量。当电子填满了一个轨道后，其他电子便无法再加入这个轨道中来（泡利不相容原理）。

也就是说，电子们"开车"是要遵守交规的，不能随意变道，要不然"交警"泡利会抓住你并扣分的。

基于此，电子只会在自己的轨道里运转，玻尔用他的模型拯救了原子、拯救了我们的世界，掌声送给你玻尔。

☀ 番外故事

没听够？那我们说点饭后闲话，卢瑟福的模型一出世，便被称为"行星模型"或者"太阳系模型"。这当然是一种形象化的叫法，但不可否认，原子这个极小的体系和太阳系这个极大的体系之间居然的确存在着许多相似之处。两者都有一个核心，这个核心占据着微不足道的体积（相对整个体系来说），却集中了 99% 以上的质量和角动量。人们不禁要联想，难道原子本身是一个"小宇宙"？或者，我们的宇宙，是由千千万万个"小宇宙"所组成的，而它反过来又和千千万万个别的宇宙组成更大的"宇宙"？这令人想起威廉·布莱克（William Blake）那首著名的小诗：

To see a world in a grain of sand.	一沙一世界，
And a heaven in a wild flower.	一花一天堂。
Hold infinity in the palm of your hand.	无限在掌中，
And eternity in an hour.	刹那即永恒。

我们是不是可以从一粒沙看见世界呢？原子和太阳系的类比不能给我们太多的启迪，因为行星之间的实际距离相对电子来说，可要远得多了（当然是从比例上讲）。但是，最近有科学家提出，宇宙的确在不同的尺度上，有着惊人的重复性结构。比如原子和银河系的类比，原子和中子星的类比，它们都在各个方面——比如半径、周期、振动等——展现出了十分相似的地方。如果你把一个原子放大 10^{17} 倍，它所表现出来的性质就和一个白矮星差不多。如果放大 10^{30} 倍，据信，那就相当于一个银河系。当然，相当于并不是说完全等于，我的意思是，如果原子体系放大 10^{30} 倍，它的各种力学和结构常数就非常接近于我们观测到的银河系。还有人提出，原子应该在高能情况下类比于同样在高能情况下的太阳系。也就是说，原子必须处在非常高的激发态下（大约主量子数达到几百），那时，它的各种结构就相当接近我们的太阳系。

这种观点，即宇宙在各个层次上展现出相似的结构，被称为"分形宇宙"

（Fractal Universe）模型——哪怕是一个原子，也包含了整个宇宙的某些信息，是一个宇宙的"全息胚"。所谓的"分形"，是混沌动力学里研究的一个饶有兴味的课题，它给我们展现了复杂结构是如何在不同的层面上一再重复。宇宙的演化，是否也遵从某种混沌动力学原则，如今还不得而知，所谓的"分形宇宙"也只是一家之言罢了。这里当作趣味故事，博大家一笑而已。

科研四子登科中的"过柱子"是个啥?

作者：杨德华

　　科研讲究"四子登科"，过柱子、推式子、烧炉子和养耗子。咱们今天就来说说过柱子是个啥?

　　混乱摆放的东西，总想分门别类把它们摆整齐。花坛里的鲜花，总是按照颜色分开摆放，就如同不同身份的人，在岗位上必须要各就各位一样。这不仅是为了让强迫症患者感到痛快，更是人类对于分门别类的执着。这种执着早已融化在了血液里，大概心智开化之初，人类就开始琢磨分离了。于是，就有了盘古开辟天地于混沌，上帝分割光暗于虚空。然而，自然界的一切似乎都没法满足人类的一厢情愿。小到霾灰落烬，大到名山大川，似乎都一致秉承了"来者不拒"的风范，吸纳世间万物，不择细流而成其深。所谓"天地不仁，以万物为刍狗"，在人类眼中天壤之别之差，于天地看来皆为一类。

　　在这种纠结之中，人类开始了自己动手丰衣足食的"逆天"之路。于是，在生产生活的实践中，人们借助双

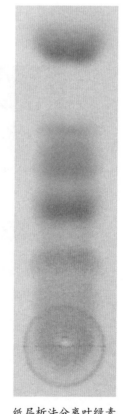

纸层析法分离叶绿素

眼按照颜色分类，利用筛网等按照尺寸分离，利用静置沉淀等手段按照质量分离，等等。这些朴素的分离手段帮助人们"去伪存真"抑或"去粗取精"。然而，在更小的尺度上，这些粗略的方法自然难以奏效。但对于人类而言，对"越分越细"这一点的追求当然是根本把持不住的。这样，便搞出了今日遍地开花的分离技术。

上过高中的朋友，大概对叶绿素分离实验都有印象。这便是现代分离技术的祖师爷——色谱法。该方法已有百年历史，在石油化工、生命科学、材料科学和环境科学中地位举足轻重。经过长时间发展，针对分离的目标物质，虽然已经出现了多种改进技术，但万变不离其宗，色谱法离不开固定相和流动相两相。按两相的状态，可以分为气固色谱法、气液色谱法、液固色谱法、液液色谱法。

薄层色谱分离打印机黑色油墨的组成

这里主要介绍液相色谱法，流动相带着要分离的混合物流穿固定相，在此过程中，固定相对其中不同成分进行不同程度的"阻拦"，这不仅是对流动相的雁过拔毛，有时甚至会让某些成分在固定相里乐不思蜀而忘记赶路。大家进柱子之前都是同呼吸共患难的兄弟，出了柱子才发现有些成分其实只是表面兄弟。液相色谱技术，本质上就是花式拦截表面兄弟，并不断拉其他兄弟下水的技术。为此，人们可谓"无所不用其极"，先后开发了正相色谱、反相色谱、亲水作用色谱、疏水作用色谱、离子交换色谱、尺寸排阻色谱、亲和力色谱等。

其中，反相、正相色谱利用了化合键，是将不同有机官能团键合到固定相上，再根据键合后的固定相与流动相中不同成分的亲疏水作用进行分离。

离子交换色谱通过流动相与固定相中离子之间争夺固定相中的离子交换中心，实现两相中离子的重新分配，被分离的物质在固定相中滞留的时间与其离子交换作用的强弱密切相关。

尺寸排阻色谱，顾名思义，是按照不同成分尺寸大小进行分离的方法。尺寸大的分子不能进入固定相微粒的微孔中，在微粒之间穿过，因而比小分子更快通过固定相。

亲和色谱则是利用了不同化合物之间的特异性识别完成分离，例如抗原和抗体、RNA 和互补的 DNA 等。利用目标物质对应的化合物（配基）修饰固定相，实现对其选择。

而固定相就是从头到尾都不动的那部分，没错，它就是分离叶绿素时的那张滤纸……当然，你也不可能找到比这更简单的固定相了。固定相的神奇魅力往往正是分离的关键。液相色谱法的固定相通常是微米量级的小颗粒，作为填料灌注在色谱柱中，它们经过压实后，可以允许流动相中的流体从颗粒间或颗粒中穿流而过，毫不夸张地说，色谱柱就是色谱仪的"心脏"。

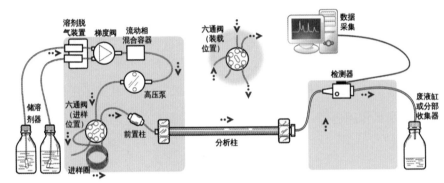

高效液相色谱仪工作原理

　　20世纪早期的固定相通常为100微米以上的无定型硅胶颗粒，其颗粒大小不均，给传质带来了麻烦。从20世纪60年代开始，薄壳形填料被发明，其结构更加复杂，通常为直径30～40微米的玻璃珠表面覆盖一层极薄的硅胶微粒。该填料孔径均一，溶质扩散快，但对于样品的负载率低。其在20世纪70年代后被全多孔球形硅胶固定相所取代。进入20世纪90年代和21世纪，微粒已经不限于硅胶，各种成分合成的微球颗粒被逐步引入固定相中；另一方面，粒径小于2微米的多孔连续整体材料成为新秀，其最大优势在于满足超快分离的要求，依主要成分可分为有机整体柱、硅胶整体柱、杂化整体柱等。实际上，在今天，球形固定相和整体固定相各有千秋，它们的应用已经涵盖了环境、生化科学的几乎所有相关领域。

　　至于流动相，其实你想分离啥，啥就是流动相，可能特点就是会流动吧，这个真没什么可进一步阐释的……

　　从最初的默默无闻，到今天成为分析化学的一个重要分支。色谱技术帮助人类实现了分子量级的分离，使得特定成分富集再富集的过程，无形中暗合了所谓"人之道，损不足而奉有余"的进程。但抛开老子对此番进程的态度不谈，分离技术却无时无刻不在造福普罗大众，从蛋白质到DNA，从聚合物到纳米新材料，液相色谱以其高分辨率和广泛的普适性在生物制药、环境监测、有机合成和食品安全等领域扮演了不可替代的作用。最后，想必你也看出来了，这就是传说中的"过柱子"。

5.5

此刻你绝对正在使用它，但你可能还不够了解它⋯⋯

作者：杨高靖

人类社会的发展离不开能源，几次工业革命的发展都依赖于储能技术的发展。今天，锂离子电池为全世界提供着电力，从智能手机到电动汽车，锂离子电池已经无处不在。

与其他商业化的可充放电池相比，锂离子电池由于其具有能量密度高、循环寿命长、工作温度范围宽和安全可靠等优点，成为了各国科学家努力研究的重要方向。

锂离子电池是一种二次电池（可充电电池），主要由正极、负极、电解液、隔膜、外壳等部分组成。在电池内部，带电的原子，也被称为离子，在两个电极之间移动，并产生电流。锂离子电池主要依靠锂离子在正极和负极之间移动来工作。在充电过程中，锂离子从正极材料

锂离子电池

中脱出，经过电解液传输至负极，电子由正极经外电路转移至负极；而在放电过程中，锂离子和电子的运动方向则与充电过程相反。在当前最常见的一种锂离子电池中，其正极是钴酸锂材料，负极是碳材料。

1912 年，锂金属电池最早由吉尔伯特·牛顿·刘易斯（Gilbert N. Lewis）提出并研究，但由于锂金属的化学性质非常活泼，使得锂金属的加工、保存和使用对环境要求非常高，使得锂电池长期没有得到应用。

20 世纪 70 年代，美国爆发石油危机，政府意识到对石油进口的过度依赖，开始大力发展太阳能和风能。但由于太阳能和风能的间歇性特点，最终还是需要可充电电池来储存这些可再生的清洁能源。

风力发电

此时，宾汉姆顿大学化学教授斯坦利·惠廷厄姆（M. Stanley Whittingham）在纽约起草了锂电池的初始设计方案，采用二硫化钛作为正极材料，金属锂作为负极材料，制成了首个新型锂电池。

锂离子电池是由锂电池发展而来，随着科学技术的发展，现在锂离子电池已经成为了主流。

锂离子电池的基本概念，始于 1972 年米歇尔·阿曼德（M. Armand）等提出的"摇椅式"电池（Rocking Chair Battery）。在锂离子电池的研究中，正负极材料的研发，是锂离子电池发展的关键所在，有五位杰出的科学家在此方面做出了重要的开创性贡献，特别是美国得克萨斯大学奥斯汀分校机械工程及电子工程系教授约翰·班尼斯特·古迪纳夫（John B. Goodenough）为现在商业化正极材料的发展做出了卓越的贡献。

古迪纳夫教授在 57 岁时发现了钴酸锂（$LiCoO_2$）正极材料。他的这一材料，几乎存在于当前每一款便携式电子设备中。

另一个重要的正极材料磷酸铁锂（$LiFePO_4$）也是他的重要贡献之一。1997 年，他的课题组报道了磷酸铁锂可逆地嵌入脱出锂的特性。磷酸铁锂是目前最安全的锂离子电池正极材料，不含任何对人体有害的重金属元素。作为钴酸锂和磷酸铁锂等正极材料的发明人，古迪纳夫在锂离子电池领域声名卓著，是名副其实的"锂离子电池之父"。2018 年，已经 96 岁高龄的古迪纳夫先生在 Nature Electronics（《自然·电子学》）上刊文回顾了可充电锂离子电池的发明历史，并对未来发展指明了道路。

正极材料的研究成果，最终指引日本名古屋市的旭化成公司（Asahi Kasei）以及名城大学的吉野彰（Akira Yoshino）教授制备出了第一个可充电锂离子电池：以钴酸锂作锂源正极材料、石油焦作负极材料、六氟磷酸锂（$LiPF_6$）溶于碳酸丙烯酯（PC）作电解液的可充电锂离子电池。

这个电池成功应用到索尼公司最早期的移动电话中，并在 1991 年开始商业化生产，标志着锂离子电池时代的到来。在这随后的每天里，世界各地的科学家们都在测试和开发更为高效和安全的锂离子电池。

如今，锂离子电池已经遍布在我们生活的方方面面——手机、电脑、电动车等，都离不开锂离子电池。那么在使用锂离子电池，特别是手机电池时，我们应该注意哪些问题呢？

第一，不要让你们的手机电量耗尽甚至自动关机，因为这样会损坏你的电池，而减少它的使用寿命。

当然，也不要通宵达旦一直给自己的手机充电，虽然现在的电池已经拥有了过度充放电保护电路，但是在有些电池中，还是有可能出现过度充电的情况，严重影响着电池的使用寿命。

第二，要避免在较低温度和较高温度的环境下使用手机等电子产品，因为电池内部是依靠化学反应进行充放电过程的，低温会使相应的化学反应速率变慢，从而影响电量。当然啦，高温（高于40℃）情况下也是不建议使用的，此外还要避免接触热源和太阳的直接照射，在高温下电池内部的化学环境会发生一些不可逆的改变，严重影响着电池的容量。

科学家也在积极探索解决电池在高温和低温环境下使用的问题，相信在不久的将来，这一问题会得到很好的解决。

第三，要避免对你的手机等电子产品使用"暴力"，这样很有可能造成电池的短路，从而产生泄露、发热等危险。

锂离子电池的发展还在不断向前，甚至延伸出钠离子电池等新的离子电池系列，开发高容量、高安全性和低成本的离子电池将一直是世界各国科学家奋斗的目标。

"深海"启示录——来自水下的"脚印"

作者：王符欢

海军是一个技术密集型的军种，而且海陆空协同作战对任何一个临海国家都十分重要！

☀ 来自核潜艇的威胁

自从 20 世纪 60 年代，核潜艇作为一种平时我们不怎么看得见的威胁，却已经实实在在地威胁了我们 50 年。由于技术上的差距，外军潜艇在战时可利用其噪音低、潜航时间长、距离远的优势，潜入我国领海和港口，进行攻势布雷的封锁作战和切断我沿海交通线的破交作战行动；而装备有对陆攻击巡航导弹的外军潜艇可以与其空中力量实施战略性"空潜协同"，对我国本土的目标进行打击（这一作战模式已经在自海湾战争以来的多场有西方国家介入的局部战争中得到实践和验证）。

水下核弹的发射笔者总结为七步：

第一步：静默等待时，潜艇航速一般低于 5 节，避免敌人发现。利用低频通信，接收预警。

第二步：潜艇在安全区域，扫描没有敌方雷达后并对附近海域进行潜望镜侦查，如无异常情况，则伸出无线电桅杆接收卫星指令。

第三步：没有一个人可以独立发射一枚核弹，影视作品里那些只是发布一个指令，真正操作起来需要数名军官同时操作才可以。

第四步：导弹在压缩空气的作用下离开潜艇武器舱，并在离开海水面时点火。

第五步：在多级火箭相继点火后进入太空飞行，速度每小时几千公里。

第六步：利用惯性制导与自动天梯识别系统来完成精确打击。

第七步："智能"弹头在终端飞行末段独立机动，利用红外制导等技术，很难遭到反弹道导弹拦截，可以对目标进行准确打击。

☀ 探潜技术

我国海域辽阔，同时海洋环境也是十分复杂的，加上海水是电磁波的不良介质，到目前为止水下监视基本上只能通过水声技术。由此也出现了各种声学探潜技术，比如众所周知的声呐系统，声呐分为近岸的和机载的，原理上又分为主动的和被动的（就是水听器）。

而实际上声呐探潜的原理比较简单，由于低频声波在水中传播距离很远，尤其是在深海比较安静的声道里，传播得就更远了。所以一直以来声学探潜都被广泛应用。尤其是 20 世纪 80 年代兴起的水听技术，可以说让人们以为看到了解决核潜艇威胁的曙光。

而随着现代潜艇目标强度和噪声的逐步降低，战术级别的可信监视范围已经不过数十海里，几十海里的预警范围相比于辽阔的海洋可以说是杯水车薪，一旦潜艇进入广阔海域再想找出来对即使是世界最先进的国家来说也如同大海捞针一般。

潜水艇

所以除了声学探测，又生出了许多非声学探测的方法辅助探测核潜艇。

比如美国的水下探测的 LIDAR 系统（Light Detection And Ranging，即"光探测和测距"，又称激光雷达，工作波长 510nm），根据测试结果其最大有效探测深度可达 200m。虽然蓝绿激光可以穿云破雾，但海水对雷达波有较强的吸收作用，通常雷达波主要用来探测处于潜望航态及水面航渡状态的潜艇，随着潜艇越来越深，LIDAR 技术也只能是探潜的一个辅助性手段，不能起到决定性的反潜。

正如人过留名，雁过留声。物体在运动过程中，或多或少总会对周边环境造成一定影响，留下"痕迹"。通过检测潜艇在水下航行时留下的"痕迹"，就可以间接地确定潜艇的方位，实现对潜艇的间接探测。

近些年随着电子技术、传感器技术和计算机处理能力的增强，使得很多间接"探潜"方式成为可能，比如热尾迹探潜。下面笔者用 FLUENT 模拟了一下平静海水中潜艇航行百分之七十五废热经尾部排水口流出后留下的尾迹。可以看出：热尾流沿离开潜艇尾部的方向不断变宽，最后浮升至海面上，在尾流的中心区域存在着尾流与海水的最大温差。且潜艇下潜深度越

深，热尾流浮升的过程中影响区域越大。可以看出潜艇确实留下了长长的
"脚印"。

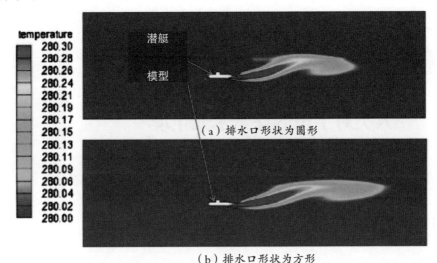

（a）排水口形状为圆形

（b）排水口形状为方形

废热经潜艇尾部排水口流出后留下的尾迹（模拟）

此外，还有一种探测方法是探测潜艇走后留下的气泡，尾流场湍流信号
特征，俄罗斯在此方面已有应用。

其实，非声探测早就成了一种趋势，如在关键航道进行磁探测，俄罗斯
就曾采用钛合金建造潜艇。德国的 U212A 也采用了低磁钢作为艇体外壳材
料。但是，钛合金价格昂贵且低磁钢的耐压性能还需进一步提升，不适于建
造大潜深潜艇。

可以说目前探潜与隐身已成了这个隐藏威胁的一场博弈，随着光隐身
涂层、磁隐身材料的发明，以及热废水存储技术的应用，潜艇的探测将更加
困难，且就目前的探测手段来看，在潜艇探测上还是不能有效地进行追踪和
锁定。

在希望世界永远和平的同时，我们更应该掌握维护世界和平的技术和
能力。

5.7
从"暗物质""暗能量",到"标准宇宙模型",人类对宇宙的探索永无止境

作者：何　川

☀ 宇宙"丢失"了 80% 的质量

　　要想知道一个星系有多重，有什么方法呢？基于对宇宙中物质发光特点的了解，我们可以通过观测星系的亮度，判断里面有多少物质；也可以通过观测其物质运动，根据动力学原理，计算出质量是多少。

　　1933 年，瑞士天文学家兹维基就是这样估计星系团的质量的。他惊讶地发现，这两种方法测出来的质量竟相差 10 倍以上！这说明星系团内发光物质太少，大部分物质可能是不发光的！兹维基称其为"短缺质量"或"无踪质量"，意为一部分物质无影无踪不知上哪儿去了。

　　类似的情况逐渐被发现，天文学家意识到，宇宙中可能存在不发光的物质，它们虽然不发光，但是有引力，所以能够感觉到它们的存在，这种物质被命名为暗物质。现在有越来越多的观测证据，例如星系团的形态、星系自转、引力透镜、星系团发出的 X 射线、宇宙微波背景辐射各向异性等都表

明，宇宙中可能存在大量的暗物质。根据最新的观测结果，84.5% 左右的物质都是暗物质！

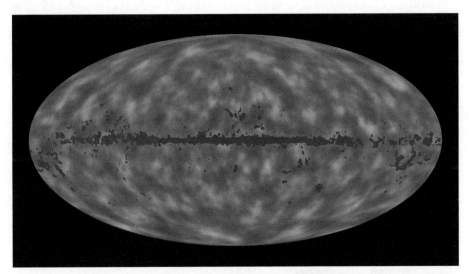

利用 Planck 卫星数据制作的从地球到可观测宇宙边界的质量分布图（亮的区域为高质量，暗的区域为低质量，灰色区域为受银河系阻碍无法观测的地方）

那么，暗物质到底是什么组成的呢？

它可能就是普通的物质，也就是重子物质，比如黑矮星、褐矮星、中子星、黑洞等天体，它们和普通物质一样可以参与电磁相互作用发射光，但是因为发光微弱，又离我们十分遥远，而无法被目前的望远镜探测到。

但是根据目前的理论研究，重子物质不可能占到这么高的比例。所以另一种可能是，暗物质是非重子物质。非重子物质不参与电磁相互作用，不会发光也不吸收光。

根据粒子的运动速度也就是温度，暗物质分为热暗物质、温暗物质、冷暗物质三种模型，后来针对宇宙大尺度结构的研究倾向于宇宙中主要是冷暗物质的解释。

☀ 暗能量

如果你认为暗物质就是宇宙的主宰，那就错了。一直以来，人们企图理解宇宙的构成与前世今生。在寻找宇宙"丢失"的质量以外，科学家还在试图解释宇宙的来源。

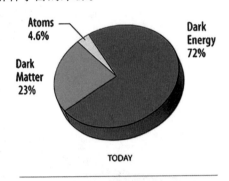

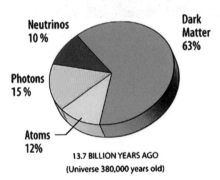

根据五年的 WMAP 卫星数据估算宇宙中的总能量分布（最新的 Plank 卫星已有更精确的数据）

根据目前主流的大爆炸理论，在大爆炸之后，随着时间的推移，宇宙的膨胀速度将因为物质之间的引力而逐渐减慢。也就是说，距离我们越遥远的星系，远离我们的速度应该更慢一些。然而观测却发现，越遥远的星系远离我们的速度越快，这恰恰说明宇宙正在加速膨胀（这项研究获得了 2011 年诺贝尔物理学奖），也就是说，宇宙中还存在着一种"万有斥力"。

到底是什么看不见的力量促使着物质之间加速远离呢？科学家将这种与引力相反的作用来源称为"暗能量"。但暗能量到底是何方神圣，至今还没有一个答案。

然而目前我们可以知道的是，我们所熟悉的世界，即由重子物质构成的草木山河、日月星辰，仅占整个可观测宇宙的不到 4.9%，再加上刚才说的看不见的暗物质占了 26.8%，剩余的 68.3% 都是暗能量（另有热暗物质的候选人中微子，及轻子物质如电子等物质，比例很小）！

☀ 标准宇宙模型

基于现有的观测、模拟和理论，天文学家给出了一个标准宇宙学模型（ΛCDM），以承认广义相对论及宇宙大爆炸为基础，描述了一个包含宇宙学常数 Λ 和暗能量、冷暗物质（CDM）的宇宙。简单的 ΛCDM 模型基于六个参数：物理重子密度参数、物理暗物质密度参数、宇宙的时代、标量光谱指数、曲率波动幅度和电离光学深度。

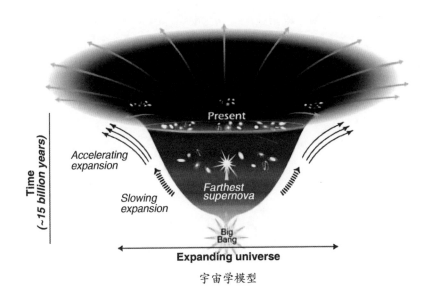

宇宙学模型

这个模型是目前最简单的模型，并可以很好地解释微波背景辐射的存在及其结构、大尺度结构中星系的分布、元素丰度、宇宙加速膨胀等观测结果。

第一章

[1] 1929 August 18, New York Times, Section 5: The New York Times Magazine, Einstein's Own Corner of Space by S. J. Woolf, Start Page SM1, Quote Page SM2, Column 5, New York.

[2] 1939, The Social Function of Science by J. D. Bernal (John Desmond Bernal), Quote Page 9, G. Routledge & Sons Ltd., London.

[3] New York Herald Tribune, September 12, 1933.

[4] 1964 [Copyright 1963], Inventing the future by Dennis Gabor, Page 207, Alfred A, Knopf, New York.

[5] Date: 1975 June 16, Periodical: Newsweek, Article: Alvin H. Hansen, 1887–1975, Author: Paul A. Samuelson, Quote Page 72, Publisher: Newsweek, Inc., New York.

[6] 1968 (Copyright 1949), Scientific Autobiography and Other Papers by Max Planck (Max Karl Ernst Ludwig Planck), Translated from German by Frank Gaynor, Section: A Scientific Autobiography, Start Page 13, Quote Page 33 and 34, Greenwood Press Publishers, Westport, Connecticut.

[7] 1929 March 15, New York Times, Einstein Is Found Hiding On Birthday: Busy With Gift Microscope, (Wireless to The New York Times), Quote Page 3, Column 3, New York. (ProQuest)

[8] Wolfgang Demtröder. Atoms, Molecules, and Photons An Introduction to Atomic–, molecular– and Quantum Physics Second Edition. Springer. p10.

［9］ J. J. Thomson M.A.F.R.S. (1897): XL. Cathode Rays , Philosophical Magazine Series 5, 44:269, 293–316.

［10］能均分定理其实也有很大的局限性，比如在解释固体的比热容的时候，只能解释高温时的数据，而不能解释低温时比热趋近于零的行为。这个一直要到1907 年，爱因斯坦将量子化假设引入以后才部分解释了实验现象，1912 年德拜模型彻底解决了低温下的情形。

［11］康建胜. 从能量角度粗谈人体的几个定量问题[J]. 生命的化学，2013，33 (5): 588–595.

［12］Wolf, Blair O., and Glenn E. Walsberg. "The role of the plumage in heat transfer processes of birds." American Zoologist 40.4 (2000): 575–584.

［13］Is"dark clothes for winter, light for summer"relevant?, https://physics.stackexchange. com/questions/78616/is–dark–clothes–for–winter–light–for–summer–relevant.

［14］The American Naturalist Vol.31, No. 371 (Nov.1897), pp. 970–971 (2 pages).

［15］Peter Mark Roget.Explanation of an optical deception in the appearance of the spokes of a wheel when seen through vertical apertures[J]. Dr.Roget's explanation of an optical deception.p131–141.

［16］Smalley, D. E., et al. A photophoretic–trap volumetric display[J]. Nature, 2018, 553(7689).

［17］Fardin M A. On the rheology of cats[J]. Rheology Bulletin, 2014, 83(2): 16–17.

［18］Krizhevsky A, Sutskever I, Hinton G E. Imagenet classification with deep convolutional neural networks[C]//Advances in neural information processing systems. 2012: 1097–1105.

［19］Simonyan K, Zisserman A. Very deep convolutional networks for large–scale image recognition[J]. arXiv preprint arXiv:1409.1556, 2014.

［20］Graves A, Mohamed A, Hinton G. Speech recognition with deep recurrent neural networks[C]//2013 IEEE international conference on acoustics, speech and signal processing. IEEE, 2013: 6645–6649.

［21］Shotton J, Sharp T, Kipman A, et al. Real–time human pose recognition in parts from single depth images[J]. Communications of the ACM, 2013, 56(1): 116–124.

[22] Han J, Bhanu B. Individual recognition using gait energy image[J]. IEEE transactions on pattern analysis and machine intelligence, 2006, 28(2): 316–322.

第二章

[1] Mabry R, Deiermann P. Of cheese and crust: A proof of the pizza conjecture and other tasty results[J]. The American Mathematical Monthly, 2009, 116(5): 423–438.

[2] ［英］罗素. 西方哲学史[M]. 张作成，译，北京：北京出版社，2007.

[3] ［法］笛卡尔. 方法论[M]. 沈阳：辽宁人民出版社，2015.

[4] 程路. 薄膜干涉条纹的定域[J]. 大学物理，1982, 1(6): 8–8.

[5] 沈元壤. 非线性光学原理：上[M]. 顾世杰，译，北京：科学出版社，1987.

[6] 曹天元. 量子物理史话：上帝掷骰子吗[M]. 沈阳：辽宁教育出版社，2008.

[7] 国家海洋调查船队：http://www.cmrv.org.cn/home/.

[8] 中国科学院烟台海岸带研究所：http://www.yic.ac.cn/.

[9] 盛振邦，刘应中. 船舶原理[M]. 上海：上海交通大学出版社，2003.

[10] 任翀，王峰，刘小涯，等. 深海生物采样工具研制报告[J]. 科技创新导报，2016, 13(5): 175–175.

[11] 吴刚. 海洋综合科考船的船型特征及发展综述[J]. 船舶，2017, 28(A01): 7–15.

第三章

[1] Einstein A. Folgerungen aus den Capillaritätserscheinungen[J]. Annalen der Physik, 1901, 309(3): 513–523.

[2] 知乎：如何理解液体表面张力？，http://www.zhihu.com/question/28176348.

[3] 知乎：化学领域里「过柱子」是什么意思？柱子干了为什么可怕？，http://www.zhihu.com/question/32243196.

[4] Minesweeper Game World Ranking: http://www.minesweeper.info/worldranking.html?ranking=1.

［5］Windows Minesweeper: http://www.minesweeper.info/wiki/Windows_Minesweeper.

［6］知乎：扫雷游戏有些什么技巧吗？，https://www.zhihu.com/question/19730159/answer/15836781.

［7］Minesweeper and logical circuits: http://www.formauri.es/personal/pgimeno/compurec/Minesweeper.php.

［8］果壳：要成为扫雷高手，先练好逻辑吧，https://www.guokr.com/article/47846/.

［9］什么是P问题、NP问题和NPC问题，http://www.matrix67.com/blog/archives/105.

［10］知乎：怎么理解 P 问题和 NP 问题？，https://www.zhihu.com/question/27039635.

［11］Broadbent S R, Hammersley J M. Percolation processes: I. Crystals and mazes[C]// Mathematical Proceedings of the Cambridge Philosophical Society. Cambridge University Press, 1957, 53(3): 629–641.

［12］Mossel E. The Minesweeper game: percolation and complexity[J]. Combinatorics, Probability & Computing, 2002, 11(5): 487.

［13］知乎：摩斯密码到底是怎么回事？普通人能学会吗？，http://www.zhihu.com/question/26029594.

［14］关于信息熵的计算公式推导的细节详见 Handout Mode 的 Application of Information Theory, Lecture 1, Basic Definitions and Facts，该文档里面还介绍了信息熵定义的其他一些性质以及证明。Witten 在去年也写过一个关于信息熵和信息理论的简短介绍(A Mini-Introduction To Information Theory)，里面有和物理联系的更紧密一些的例子，并介绍了信息熵量子化的版本和应用。

［15］刘世熠. 睡眠化学物质的探讨[J]. 国外医学 (分子生物学分册), 1980 (6): 2.

［16］刘世熠. 睡眠的研究[J]. 科学，1991, 043(001): 32–27.

［17］刘世熠. 睡眠脑机制的探讨[J]. 心理学报，1982(1):19–28.

［18］李起东，闵龙昌. 关于睡眠与梦的研究[J]. 华东理工大学学报：社会科学版，1998(2): 65–69.

［19］陈钟舜. REM睡眠与梦[J]. 神经精神疾病杂志，1980(5):33.

［20］万文鹏，阮芳赋. 睡眠与梦[M]. 北京：科学出版社，1985.

［21］左成业，杨玲玲. 睡眠与梦[M]. 长沙：湖南科技出版社，1989.

［22］［美］理查德·戴明等. 梦境与潜意识：来自美国的最新研究报告[M]. 刘建荣，译，上海：复旦大学出版社，1991.

第四章

［1］Marey M. Des mouvements que certains animaux exécutent pour retomber sur leurs pieds, lorsqu'ils sont précipités d'un lieu élevé[C]//Acad. Sci. 1894, 119: 714–717.

［2］维基百科：Falling cat problem, https://en.wikipedia.org/wiki/Falling_cat_problem.

［3］维基百科：Richard's paradox,https://en.wikipedia.org/wiki/Richard%27s_paradox.

［4］知乎：据说罗素悖论有解，如何解？，https://www.zhihu.com/question/20511488/answer/133390930.

［5］维基百科：Russell's paradox,https://en.wikipedia.org/wiki/Russell%27s_paradox .

［6］维基百科：Hilbert's program,https://en.wikipedia.org/wiki/Hilbert%27s_program.

［7］Clarke J A. The science and technology of undulators and wigglers[M]. Oxford University Press on Demand, 2004.

［8］中国科学院高能物理研究所：北京同步辐射装置发展的四个阶段，http://www.ihep.cas.cn/kxcb/kpcg/bsrf/201406/t20140620_4140384.html.

［9］中国科学院高能物理研究所：产生X射线的主要方式，http://www.ihep.cas.cn/kxcb/kpcg/bsrf/201005/t20100505_2837165.html.

［10］中国科学院高能物理研究所：X射线的发展历程，http://www.ihep.cas.cn/kxcb/kpcg/bsrf/200907/t20090723_2160284.html.

［11］中国科学院高能物理研究所：【新华网】高能同步辐射光源验证装置通过国家验收最亮光源年中开建，http://www.ihep.cas.cn/xwdt/cmsm/2019/201902/t20190201_5239309.html.

［12］知乎：同步辐射光源到底有何优势？，https://www.zhihu.com/question/35648969.

［13］中国科学院物理研究所："手性"电子的发现：中科院物理研究所科学家首次发现Weyl（外尔）费米子，http://www.iop.cas.cn/xwzx/kydt/201507/t20150720_4395729.html.

［14］丁香日记：X 光和 CT 的医疗辐射会带来可怕的后果吗？，https://dxy.com/

column/4160.

［15］知乎：细说古陶瓷鉴定方法——热释光鉴定法，https://zhuanlan.zhihu.com/p/33738765.

［16］中科院物理所：我家的冰糖能发光，你家的行不行？| 正经玩，https://mp.weixin.qq.com/s/mk4z2Z4896KyO6SlmHjGGg.

［17］中科院物理所：月黑风高夜，我家的冰糖怎么发光了？| No.57，https://mp.weixin.qq.com/s/mk4z2Z4896KyO6SlmHjGGg.

［18］UCLA Putterman Research Group:SONOLUMINESCENCE: SOUND INTO LIGHT，http://acoustics-research.physics.ucla.edu/sonoluminescence/.

［19］维基百科：Rayleigh-Plesset equation,https://en.wikipedia.org/wiki/Rayleigh%E2%80%93Plesset_equation.

［20］Matula T J, Crum L A. Evidence for gas exchange in single-bubble sonoluminescence[J]. Physical review letters, 1998, 80(4): 865.

［21］Chang K. Researcher cleared of misconduct, but case is still murky[J]. The New York Times, 2007.

［22］知乎：LiFi 真的可以取代 Wi-Fi 吗？，https://www.zhihu.com/question/19802448.

［23］知乎：有无可能发出 1Hz 的电磁波？，https://www.zhihu.com/question/47259906/answer/105230793.

［24］Alligood K T, Sauer T D, Yorke J A. Chaos: An Introduction to Dynamical Systems[M]. Corr. 3. print ed. New York, NY: Springer, 2000.

［25］Lorenz E N. Deterministic nonperiodic flow[J]. Journal of the atmospheric sciences, 1963, 20(2): 130-141.

［26］Li T Y, Yorke J A. Period three implies chaos[M]//The Theory of Chaotic Attractors. Springer, New York, NY, 2004: 77-84.

［27］Feigenbaum M J. Quantitative universality for a class of nonlinear transformations [J]. Journal of statistical physics, 1978, 19(1): 25-52.

［28］Mandelbrot B B. The Fractal Geometry of Nature[M]. 2nd prt. ed. San Francisco: Times Books, 1982.

［29］Ott E, Grebogi C, Yorke J A. Controlling chaos[J]. Physical review letters, 1990, 64(11): 1196.

［30］维基百科：Aharonov–Bohm effect, https://en.wikipedia.org/wiki/Aharonov–Bohm_effect.

［31］维基百科：Geometric phase, https://en.wikipedia.org/wiki/Geometric_phase.

［32］Aharonov Y, Bohm D. Significance of electromagnetic potentials in the quantum theory[J]. Physical Review, 1959, 115(3): 485.

［33］Berry M V. Quantal phase factors accompanying adiabatic changes[J]. Proceedings of the Royal Society of London. A. Mathematical and Physical Sciences, 1984, 392(1802): 45–57.

［34］维基百科：Balance wheel,https://en.wikipedia.org/wiki/Balance_wheel.

第五章

［1］中科院物理所：几近零误差！高考考场使用的电波钟能精准校时，https://mp.weixin.qq.com/s/YsOqPS0MrmYQGMWsh_oTug.

［2］Gőbel E, Mills I, Wallard A. The international system of units (SI)[M]. BUREAU INTERNATIONAL DES POIDS ET MESURES, 8 ed. Sèvres: BIPM, 2006.

［3］Rayleigh. Joseph John Thomson. 1856–1940[J]. Obituary Notices of Fellows of the Royal Society, 1941, 3(10): 587–609.

［4］The Atomic Nucleus and Bohr's model of the Atom, http://www.cosmos.ru/mirrors/stern/stargaze/Q5.htm.

［5］中学物理教材编写组. 普通高中课程标准实验教科书：物理（选修3-5）[M]. 济南：山东科学技术出版社，2005：45–74.

［6］卢佩章，戴朝政，张祥民. 色谱基础理论[M]. 北京：科学出版社，1998.

［7］欧俊杰，邹汉法. 液相色谱分离材料：制备与应用[M]. 北京：化学工业出版社，2016.

［8］Hoth D C, Rivera J G, Colón L A. Metal oxide monolithic columns[J]. Journal of Chromatography A, 2005, 1079(1–2): 392–396.

［9］Wei J X, Shi Z G, Chen F, et al. Synthesis of penetrable macroporous silica spheres for high-performance liquid chromatography[J]. Journal of Chromatography A, 2009, 1216(44): 7388-7393.

［10］Tanaka T, Jin H, Miyata Y, et al. High-yield separation of metallic and semiconducting single-wall carbon nanotubes by agarose gel electrophoresis[J]. Applied physics express, 2008, 1(11): 114001.

［11］Armand M, Tarascon J M. Building better batteries[J]. Nature, 2008, 451(7179): 652-657.

［12］Tarascon J M, Armand M. Issues and challenges facing rechargeable lithium batteries[M]//Materials for sustainable energy: a collection of peer-reviewed research and review articles from Nature Publishing Group. 2011: 171-179.

［13］Armand M, Murphy D, Broadhead J. Materials for advanced batteries[M]. Plenum Press, 1980.

［14］李泓. 锂离子电池基础科学问题 (XV)：总结和展望[J]. 储能科学与技术, 2015, 4(3): 306-318.

［15］Nishi Y. The development of lithium ion secondary batteries[J]. The Chemical Record, 2001, 1(5): 406-413.

［16］Zwicky F. On the Masses of Nebulae and of Clusters of Nebulae[J]. The Astrophysical Journal, 1937, 86: 217.

［17］Zwicky F. The redshift of extragalactic nebulae[J]. Helv. Phys. Acta, 1933, 6(110): 138.

［18］维基百科：Planck Mission Brings Universe Into Sharp Focus, https://www.nasa.gov/mission_pages/planck/news/planck20130321.html.

［19］Content of the Universe - WMAP 9yr Pie Chart, https://map.gsfc.nasa.gov/media/080998/index.html.

［20］维基百科：Dark Energy, Dark Matter, https://science.nasa.gov/astrophysics/focus-areas/what-is-dark-energy/.

［21］维基百科：Dark matter, https://home.cern/about/physics/dark-matter.